U0739144

兔兔行为及养护指南

人民邮电出版社
北京

图书在版编目（CIP）数据

今天开始养兔兔！兔兔行为及养护指南 / 雅丸，雏雏编著. -- 北京 : 人民邮电出版社，2025.7
ISBN 978-7-115-64219-6

Ⅰ. ①今… Ⅱ. ①雅… ②雏… Ⅲ. ①兔－饲养管理－指南 Ⅳ. ①S829.1-62

中国国家版本馆CIP数据核字(2024)第077214号

内 容 提 要

有一只兔兔陪伴你生活会是种什么样的体验？宠物兔都有哪些常见的类型？兔子喝水会死吗？养兔子真的很臭、很脏吗？兔子到底爱不爱吃胡萝卜和青菜？拎起兔子的耳朵是正确的抓兔兔方式吗……新手饲养兔兔前，都会有类似的疑问。这本书将全面解答这些问题。

这是一本写给新手的兔兔行为及养护指南。本书共6章。第1章介绍宠物兔的常见品种以及如何挑选、购买兔兔；第2章讲解接兔兔回家前需要做的准备工作；第3章介绍了兔兔的日常行为；第4章至第6章介绍了兔兔的喂养方法、健康检查方法和繁育时的相关知识。

本书讲解浅显易懂，配图生动有趣，适合所有喜欢兔兔的读者阅读。

◆ 编　　著　雅　丸　雏　雏
　责任编辑　宋　倩
　责任印制　周昇亮

◆ 人民邮电出版社出版发行　　北京市丰台区成寿寺路 11 号
　邮编　100164　　电子邮件　315@ptpress.com.cn
　网址　https://www.ptpress.com.cn
　北京九天鸿程印刷有限责任公司印刷

◆ 开本：787×1092　1/32
　印张：5.75　　　　　　2025 年 7 月第 1 版
　字数：162 千字　　　　2025 年 7 月北京第 1 次印刷

定价：59.80 元

读者服务热线：(010)81055296　印装质量热线：(010)81055316
反盗版热线：(010)81055315

前言

大家好呀，我是雅丸，一个平平无奇的兔兔博主。当收到和雏雏老师共创本书的邀请时，我感到非常荣幸。

在和朋友共同经营家庭兔舍期间，我发现国内关于兔兔喂养科普的图书少之又少，而大家对于喂养方法的说法繁杂，甚至有的观点完全相悖，让人很难判断孰对孰错。我每每在网上看到兔兔由于喂养和照顾的问题而离世，都感到揪心和遗憾。

我希望借此机会分享我的经验，而雏雏老师精彩的插画会让这些内容更加生动易懂！希望那些原本可以避免的悲剧不再发生，让这些安静的、毛茸茸的小可爱可以更好地和家人快乐地生活。

大家好，我是雏雏，很高兴在本书里和读者们相遇！

熟悉我的人都知道，我一直很喜欢兔子，也很喜欢画兔子，还养过兔子。但是在这段经历中，我发现很多人对宠物兔的了解不足，比如认为“兔子不能喝水”“兔子很臭”等。以前我也试着花时间去做些简单的科普，但发现自己的专业知识还没有达到能胜任的水平。

这次我与编辑老师讨论后，邀请了有丰富养兔经验的雅丸老师和我一起创作本书，希望能让更多的朋友通过可爱的插画和简单易懂的讲解，更加了解这些可爱的小生物，并且加入养兔子的大家庭里来。

-Contents-

目录

第 1 章 挑选喜欢的兔兔....007

- 关于兔兔的误会.................... 008
- 兔兔的器官和身体机能 014
- 兔兔的消化系统.................... 016
- 兔兔的性别分辨方法 018
- 关于兔兔的年龄.................... 019
- 常见热门品种宠物兔 020
- 体型很大的兔兔.................... 035
- 关于兔兔的购买.................... 039

第 2 章 准备接兔兔回家 043

- 兔兔的小家 044
- 必备用品 045
- 最好准备的用品............... 055
- 可选择的用品 057
- 如何布置笼子? 061
- 选择放置笼子的场所 062
- 常备药品及营养品........... 067
- 用品的日常清洗和管理 069

第 3 章 与兔兔的日常生活 071

- 到家初期 072
- 日常活动 080
- 日常清洗及护理 086
- 兔兔的情绪 101
- 共同生活中的常见问题及应对方法 ..118

第 4 章 如何喂养兔兔 129

- 科学的饮食结构 130
- 不同年龄段兔兔的饮食方案 132
- 兔兔的主食 134
- 兔兔可不可以吃水果和蔬菜？ ... 138
- 兔兔的零食 140
- 兔兔误食怎么办？ 142
- 其他常见问题 145

第 5 章 兔兔的健康 150

- 健康检查基础表 151
- 遇到这些情况该怎么办？ 152

第 6 章 兔兔的繁育 166

- 为兔兔寻找“另一半” 167
- 兔兔繁育前需要做的准备 168
- 母兔怀孕时期的照顾要点 170
- 母兔产后及幼兔的照顾要点 171

作者访谈 177

第1章

挑选喜欢的兔兔

“在决定养兔兔前，
我应该了解些什么？”

关于兔兔的误会

● 兔兔喝水会死掉？

说起照顾兔兔，很多人的第一反应就是“兔兔喝水是会死掉的”，那到底要不要给兔兔喂水呢？首先，可以非常明确地告诉大家，兔兔必须喝水！尽管现在养兔多以喂干草和兔粮为主，但水仍需及时供应。

兔兔的基本饮食

"兔兔喝水会死掉"的说法，是怎么来的呢？

过去人们养兔子，会喂鲜草和蔬菜，这些食物本身就含有大量的水分。对兔兔来说，食用大量鲜草和蔬菜后喝水，会导致水分在短时间内供应过多，这些水分无法及时被吸收就会引起腹泻。另外，还可能是饮用水不干净，使肠道失调，进而导致腹泻……连续腹泻，人都受不了，更何况是兔兔呢！

● 兔兔爱吃胡萝卜？

很多人提到兔兔都会说："兔兔爱吃胡萝卜。"实际上，兔兔的饲料有很多种，包括苜蓿、兔粮等，和这些相比，胡萝卜未必是兔兔最喜爱的。

成年的兔兔可以适量吃一些胡萝卜，却也不宜多吃。因为胡萝卜本身属于一种细纤维、低蛋白、高碳水化合物的食物，所以，只吃胡萝卜不能满足兔兔日常对于粗纤维摄入量的要求。并且，由于胡萝卜的碳水化合物含量偏高，大量摄入会打破兔兔肠道内的微生态平衡，危害消化系统，最终导致腹泻，不及时治疗会导致兔兔死亡。另外，随着胡萝卜素的摄入增多，兔兔体内的维生素 A 大量增加，兔兔可能会出现歪头、抽筋等中毒症状！

所以，大家要注意科学喂养，不要再被动画、童话、儿歌误导啦。

养兔很脏很臭?

兔兔本身没有明显的体臭，大家之所以会对兔兔有“脏臭”的印象，其实是饲养环境的问题。比如，长期不清理兔兔的住所和排泄物，或者用新鲜的蔬菜喂兔兔，兔兔吃剩的蔬菜不及时清理就会腐烂，发出恶臭。如此，任谁生活在这样脏兮兮的空间里，都会臭烘烘的。

懂得科学喂养后，兔兔不仅不臭，甚至会散发香香的味道。

● 兔兔的寿命很短，只能活几个月？

一只健康的兔兔的寿命一般为 6~12 年。可以查到的、到目前为止世界上最长寿的兔子有接近 19 岁的高龄，这相当于人类的 130 岁！

兔兔的饮食非常简单，没有那么“不好养”“容易死”“很麻烦”……从可靠的渠道购买（或领养）体质健康的兔兔，再配合科学的喂养方法，就能确保兔兔生命长久。后文也会介绍购买渠道和喂养方法。

一只兔兔会感到寂寞?

其实兔兔是独居生物，没有人们想象中那么需要同类陪伴。但是，家长可以给兔兔准备一些小玩具，比如小球、隧道、兔兔城堡……那样兔兔会很开心!

兔兔不通人性?

一般来说，兔兔的智商相当于两三岁人类小孩的水平，有的兔兔机灵，有的憨厚，有的淘气，有的高冷……它们有不同的性格。兔兔也会对外界的声音、人类肢体的动作、气味等有所反应。家长甚至可以通过一些科学的训练方法，让兔兔完成一些高难度动作。比如，有的兔兔能听懂自己的名字，让它进笼子就乖乖进笼子，还会跟随家长行动，主动把头埋进家长的手里求摸……所以，人家的小脑袋也灵光着呢。

● 怎么抓兔兔？不要抓住耳朵拎起来！

绝对不可以抓兔兔的耳朵，这是非常粗鲁的行为！兔兔的耳朵有大量的血管和神经，是十分敏感的器官。它们不仅可以捕捉声音，还有散热的重要功能！抓住耳朵拎起兔兔，可能会造成兔兔神经受损、听力丧失、散热功能丧失等，轻则使耳朵无法直立或活动，重则会导致兔兔死亡！

兔兔的器官和身体机能

眼睛——视觉器官

虽然兔兔的视力不太好，但它的视野非常广，除了正前方有一部分视线盲区外，兔兔的视觉范围几乎可以达到 360°，能看到脑后发生的事情！它们的眼睛能大量聚光，所以兔眼在十分昏暗的空间里也能视物，有夜视的功能。

鼻子——嗅觉器官

兔兔呼吸的时候，鼻子总会一下下地抽动，很是可爱！兔兔的鼻子对于气味非常敏感，所以大部分兔兔不喜欢香水、香料等散发的刺激性味道。

胡须——哦！触觉！

兔兔的胡须十分敏感。同时，兔兔的胡须就是“尺”，胡须的宽度接近兔兔身体的宽度，胡须不仅可以测量道路能否通过，也可以帮兔兔探查周围的情况。在成长过程中，胡须有时候会断掉，但还会重新长出来。

此外，不建议故意剪或拔掉兔兔的胡须！

尾巴——保持平衡

兔兔露在外的尾巴普遍比较短小，在跳跃时尾巴能够帮助兔兔维持身体平衡。有时候兔兔也会摇尾巴，以表达紧张或高兴的情绪。

耳朵——听觉器官

耳朵有丰富的血管和神经，可以捕捉细微的声音，十分敏感。兔兔有两只耳朵，两只耳朵可以单独转动，从而接收从各个方向传来的声音！此外，耳朵还承担着重要的散热功能。

嘴巴和舌头——味觉器官

兔兔是三瓣嘴，吃东西的时候小嘴吧唧吧唧的。兔兔的舌头可以辨别不同的味道，所以它们对食物也有自己的喜恶。

四肢——运动机能

兔兔的前脚短小强健，有 5 趾，前脚的形态有助于挖洞。后脚则有 4 趾，比前脚更长，肌肉也更加发达、力量更大。所以兔兔做跑、跳等动作，主要靠后脚发力。若是被兔兔的后脚蹬上一下，是非常疼的！

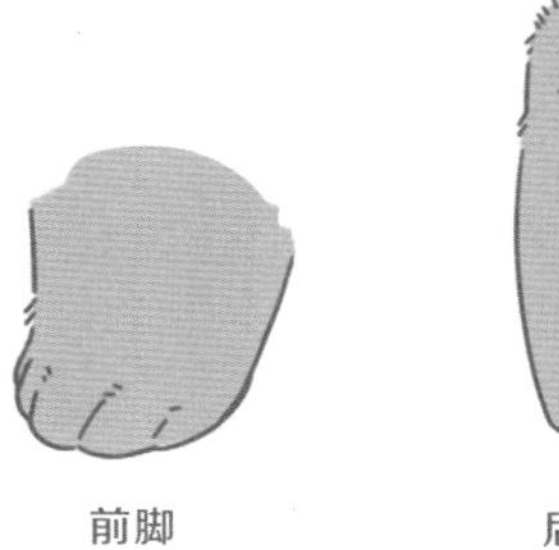

前脚　　后脚

毛发——保护身体

兔兔全身披毛，有多种颜色，不同品种的兔兔的毛发长短不同。兔兔毛茸茸的，摸起来非常舒服。

兔兔的消化系统

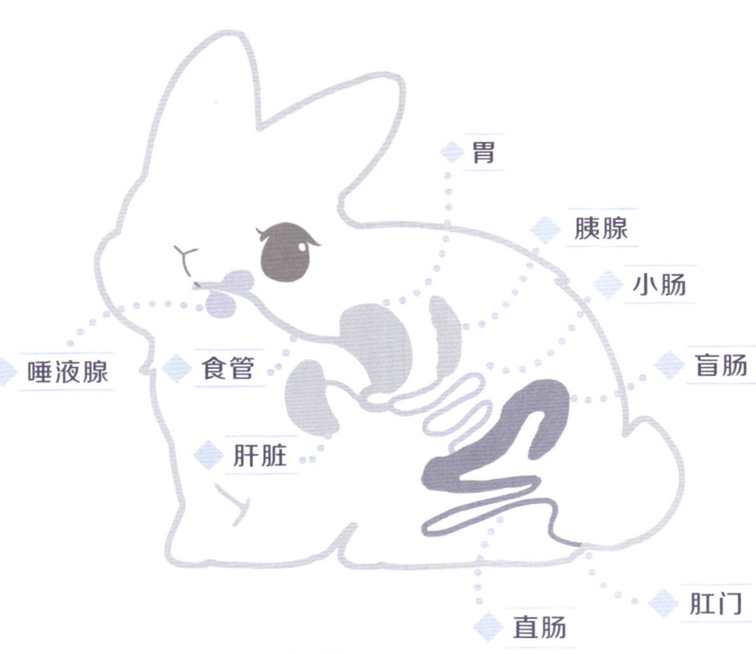

* 本示意图仅为方便理解所绘制的简易参考，并非精确的生理学图示。

兔兔的消化系统比较简单，包含食管、胰腺、胃、小肠等。为了让兔兔健康地生活，尤其要注意对兔兔肠胃的保护。除了提供优质的饲料外，也应当让兔兔适量摄入一些乳酸菌等来丰富兔兔的肠道菌群，提高其消化能力。兔兔有时因情绪过于紧张、压力太大，也会患消化道疾病，所以轻松的生活环境对兔兔来说也十分重要。

● 兔兔的骨骼

兔兔的头骨较薄，整体骨骼较脆。所以应当尽量避免让兔兔从高处跳落，以免着陆失败导致骨折。

头骨 兔兔的头骨比较小。

牙齿 成年兔兔共有28颗牙齿，并且所有牙齿终身都在持续生长。其中，上排有4颗门齿，门齿左右各有6颗臼齿；下排有2颗门齿，门齿左右各有5颗臼齿。门齿（也叫切齿）主要用来咬（切）断食物，臼齿主要用来咀嚼、磨碎食物。

* 本示意图仅为方便理解所绘制的简易参考，并非精确的生理学图示。

脊椎 兔兔的脊椎在自然状态下整体呈弧形。在抱兔兔时，应避免让兔兔的脊椎长时间处于“拉直”状态，这种状态对兔兔来说并不舒服，且有可能导致骨折。

肋骨 兔兔的肋骨很细，肋骨受到压迫时兔兔会感到呼吸困难，所以在抱兔兔时，应避免对胸部进行压迫。

兔兔的性别分辨方法

对于成年兔兔，可以根据生殖器进行性别的区分，公兔的腹部会有两颗外露的睾丸，性别一目了然。

三四个月大以前，公兔的睾丸是隐藏在腹中的，所以从外观上很难一眼辨认性别。此时如果要区分兔兔的性别，需要用一只手按压生殖器周围，另一只手轻轻向上提拉兔兔并进行观察。母兔的生殖器和肛门贴近，是个像“1”的缝隙；公兔的生殖器和肛门有一些距离，是个像“0”的圆筒，在周围轻轻按压可以看到阴茎。不过幼兔的生殖器实在太小，有时候连专门饲养兔兔的“老手”也会看错。

网上流传着一些所谓的兔兔性别分辨方式，例如观察胸毛或根据《木兰辞》里描述的“雄兔脚扑朔，雌兔眼迷离”进行判断，这些方法其实都不准确哦。不确定兔兔性别的朋友们，最好咨询专业人士寻求解答。

＊成年公兔

＊成年母兔

关于兔兔的年龄

过去兔兔的寿命可能只有 5~6 年，随着近年来兔兔的生活环境变好，科学饲养知识的普及，兔兔的寿命可以达 6~12 年，甚至更久。

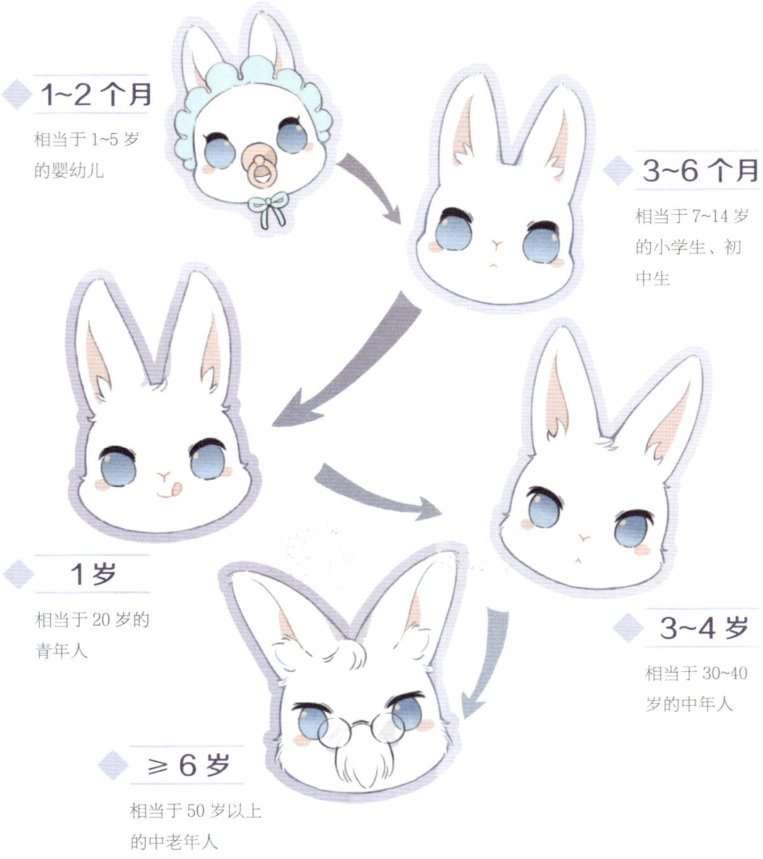

1~2 个月

相当于 1~5 岁的婴幼儿

3~6 个月

相当于 7~14 岁的小学生、初中生

1岁

相当于 20 岁的青年人

3~4 岁

相当于 30~40 岁的中年人

≥ 6 岁

相当于 50 岁以上的中老年人

常见热门品种宠物兔

由于兔兔饲育简单、繁殖速度快，一开始人类以食用与获取皮毛为目的进行大规模饲育。人类一边饲育兔兔，一边对其品种进行改良。在这个过程中，一部分兔兔慢慢变成了宠物兔，受到大家的喜爱。有的兔兔还会被用于动物辅助治疗，患者可以通过抚摸兔兔变得身心舒展！

本节将介绍 9 种目前比较热门的宠物兔品种，包括荷兰侏儒兔、泽西长毛兔、荷兰垂耳兔、英国安哥拉兔、美国长毛垂耳兔、侏儒海棠兔、泰迪侏儒兔、迷你兔、狮头兔。

＊荷兰侏儒兔一家

小知识——什么是 ARBA？

ARBA（美国兔子繁育者协会）是世界上最大且最知名的兔子协会，全称是“American Rabbit Breeders Association”。其制定了各品种兔的判断标准和品相细节说明，是一个以宠物兔的品种改良、新品种研发、相关知识普及以及以启蒙为目的的协会。

● 荷兰侏儒兔 Netherland Dwarf

原产国：荷兰

体型：小型

体重：1.1kg 左右

体长：约 20cm（不含头）

性格特点：活泼、有好奇心

ARBA 认证品种

正如其名，侏儒兔在纯种宠物兔中属于体型最小的一种。这个品种的兔兔拥有丰富的颜色，在全世界都是非常受欢迎的热门品种！它们身材迷你，拥有大大的脑袋和圆鼓鼓的脸蛋，耳朵短小，耳朵的理想长度为 5cm。它们性格活泼，有好奇心，对人亲近，互动性比较强！

* 奶黄色荷兰侏儒兔

荷兰侏儒兔——常见配色

● 泽西长毛兔 Jersey Wooly

原产国：美国

体型：小型

体重：1.3~2kg

体长：约 21cm（不含头）

性格特点：温和、安静、沉稳

ARBA 认证品种

* 泽西长毛兔

它们是荷兰侏儒兔和安哥拉兔交配后产生的品种，创造出这个品种的繁殖者来自新泽西州，故其被称为“泽西长毛兔”，也叫“武力兔”。它们的身体较长，而头部的毛较短，尤其是额头上的长毛极具特色，像一抹洋气的刘海。它们性格普遍比较温和、安静，大部分不会抵抗抚摸、怀抱、梳毛，因此容易照顾。它们的毛发虽长，但不容易打结，不过仍然需要梳毛！

荷兰垂耳兔 Holland Lop

原产国：荷兰

体型：小型

体重：1.3~2kg

体长：约 21cm（不含头）

性格特点：温和乖巧

ARBA 认证品种

* 荷兰垂耳兔

荷兰垂耳兔是体型最小的垂耳兔，是常见的高人气品种之一，和荷兰侏儒兔受喜爱的程度不分上下！它们身体短小，形似勺子的耳朵垂于脸部两侧，体态圆润，十分可爱。它们性格温和乖巧，十分亲人，和家庭成员熟悉后，喜欢围着人转悠撒娇。有的荷兰垂耳兔甚至会因为没人理它而生气。

● 美国长毛垂耳兔 American Fuzzy Lop

原产国：美国
体型：小型
体重：1~1.3kg
体长：约 21cm（不含头）
性格特点：温和乖巧
ARBA 认证品种

它们是荷兰垂耳兔和安哥拉兔交配后产生的品种，继承了荷兰垂耳兔的长相和安哥拉兔的长毛基因。它们的耳朵厚实，以由头部垂到下巴下方 1~2cm 的长度视为最佳。它们性格温和乖巧，同时也有旺盛的好奇心。虽然有的美国长毛垂耳兔有鲜明的个性，但总体也好与人亲近。它们的毛发长且柔软绵密，容易打结，务必注意日常梳理。

● 侏儒海棠兔 Dwarf Hotot

原产国：德国
体型：小型
体重：1~1.5kg
体长：约 20cm（不含头）
性格特点：活泼、有好奇心、大胆
ARBA 认证品种

它们的长相十分具有特色，通体雪白，只有眼睛周围有黑色或巧克力色环绕，像画了一圈眼线，显得眼睛更大了。侏儒海棠兔、海棠兔、荷兰侏儒兔属于 3 个被认证的不同品种。海棠兔和侏儒兔海棠兔长相相似，但是海棠兔体型更大，属于中型兔；而侏儒海棠兔有着和侏儒兔相似的体型，是海棠兔和侏儒兔经过复杂的配种和不断改良后产生的品种。侏儒海棠兔活泼、有好奇心，同时比侏儒兔更加大胆。

● 英国安哥拉兔 English Angora

原产国：英国
体型：小型
体重：2.3~3.4kg
性格特点：温和
ARBA 认证品种

安哥拉兔有很多种，包括法国安哥拉兔、英国安哥拉兔、巨型安哥拉兔、绒毛安哥拉兔……英国安哥拉兔是近年来在网络上爆火的“网红兔”之一，它们的性格相当温和，大型的撸兔馆中常常有它们的身影。它们全身覆盖浓密的长毛，毛长达 9~12cm，毛发如丝般柔顺，耳朵上的细毛像流苏一样，很多人甚至会误将它们当作小狗。因为英国安哥拉兔身披厚厚的毛发，所以适合其生活的室温在 20℃左右。家长也要经常为它们打理毛发，避免打结，有些家长还会带它们去宠物店做造型。

* 英国安哥拉兔

小知识

英国安哥拉兔看着并不小，居然是小型兔？小型兔是指体重较小（约 3kg 以下）的兔子，大部分宠物兔都属于小型兔。英国安哥拉兔是体型较大的宠物兔。

● 泰迪侏儒兔 Teddy Dwarf Rabbit

原产国：德国

体型：小型

体重：0.9~2.1kg

性格特点：大胆、黏人

ARBA 未认证品种（2022 年）

泰迪侏儒兔在国内被称作“猫猫兔”，是新兴的“网红”品种之一。猫猫兔被认为是安哥拉兔、侏儒兔和狮头兔杂交产生的。这个品种的遗传结果目前具有不稳定性，有些体型偏向侏儒兔，身体和耳朵短小；有的则像安哥拉兔，体型更大，毛发和耳朵也更长。猫猫兔性格比较大胆、黏人，它们喜欢和人互动。

照片来源：陈黏黏

小知识

国内常说的“盖脸猫猫兔”，其基因表达更多偏向安哥拉兔；常说的“道奇猫猫兔”，则是另一种颜色的猫猫兔。

迷你兔

原产国：部分来自日本

体型：因兔而异

体重：因兔而异

体长：因兔而异

性格特点：因兔而异

ARBA 未认证品种

“迷你兔”不是官方认定的兔兔品种，一般是小型混种兔兔的总称。它也是宠物店中常见的兔种，早年是由日本特有的白兔与道奇兔混种生下的兔兔，由于体型比巨大的白兔小，所以被称为“迷你兔”，在日本非常常见。由于是混种兔，迷你兔花色和体型丰富，有立耳系、垂耳系等，没有固定的类型。有的人以为“迷你兔”兔如其名，是长不大的兔兔（和侏儒兔混为一谈）。实际上，迷你兔可能并不迷你，它们成年后甚至能长成中型兔那么大。这就是为什么总有人买了迷你兔幼崽，看到它们小时候很可爱，长大后却大得惊人，认为自己“被骗了”的原因。

小提示

迷你兔往往是一些混种兔幼年时的昵称，我们在市场中买到的大多都是混种兔。

狮头兔 Lionhead Rabbit

原产国：一种说法是比利时

体型：小型

体重：1.5~2kg

体长：约 20cm

性格特点：因兔而异

ARBA 认证品种

狮头兔也叫狮子兔，它们的头部有一圈茂密的毛发，如雄狮一般，十分有特色。不仅如此，它们脸部、背部的毛发较短，身体下侧为长毛，远远看去像一个拖把。不同狮头兔的性格不同，有的活泼大胆，有的胆小谨慎，有的占有欲强……目前市面上很少看到真正的狮头兔。

小提示

市面上有很多“狮头兔”并非真正的狮头兔，而只是因长相相似就被冠以“狮头兔”的名字。

体型很大的兔兔

前面已经给大家介绍了很多常见的宠物兔品种，这里作为额外的小知识，再列举一些并不常见的品种。这些兔兔有一个共同特点，就是体型很大。

● 安哥拉兔 Angora

第一种就是前文提到过的安哥拉兔。安哥拉兔除了英国安哥拉兔之外，还有体型更大的毛用品种，有的甚至能超过 5kg，再加上毛量丰富，抱在怀里就像是在抱一个巨大的毛绒兔抱枕。

● 獭兔 Rex Rabbit

獭兔的官方名称是雷克斯兔。作为宠物兔，知道它们的人似乎不多，但大家应该知道獭兔毛，而獭兔毛的来源就是獭兔。獭兔毛非常细密顺滑，摸起来甚至有种天鹅绒的感觉。因此，作为宠物兔的獭兔看上去虽然平平无奇，但手感却是非常好的哦。獭兔在这里介绍的大型兔里体型并不算大，但如果发育得好，据说也可以长到近 5kg 重。

● 英国垂耳兔 English Lop

英国垂耳兔是垂耳兔里体型最大的品种之一，平均体重可以达到4.5~5kg。英国垂耳兔的特点之一是它们的垂耳非常长，趴在地上的时候，它们的长耳朵可以直接垂到地面。英国垂耳兔的垂耳长度甚至创下过世界纪录！英国垂耳兔性格非常好，据说它们是兔子里的狗狗，不过毕竟是近5kg重的兔子，饲养时还是要多注意安全哦。

● 巨型花明兔 Flemish Giant Rabbit

巨型花明兔又被称为“佛莱明巨兔”，总之离不开“巨”就对了。巨型花明兔是世界上最大的宠物兔品种，其中最大的能长到近10kg重，体长1.3m左右，几乎快达到一些中大型犬的标准了。巨型花明兔是一种性格非常温顺的大兔子。据说在大洋彼岸，很多机构会专门用它们来培养孩子和宠物之间相处的意识。必须注意的是，因为体型过于巨大，它们需要的活动空间是非常大的，并且它们的饭量也比一般的兔兔大多了。

关于兔兔的购买

获取兔兔的渠道

获取兔兔的渠道有很多种，常见的有花鸟市场、电商平台等。其实，近年来有更加专业的渠道可供购买兔兔，如家庭兔舍等。除了购买，大家也可以通过领养的方式获取兔兔。当然，没有条件养兔兔却又非常喜欢兔兔的朋友们，也可以关注一些兔兔博主和养兔的朋友，“云吸、云养”也可以解“相思之苦”。

线下宠物店

宠物店的兔兔一般不是自己繁育的，而是从其他渠道进货的。

优点：实体店一般会给人一种比较有保障的感觉；大部分宠物店的饲养环境还可以，大家可以现场看到兔兔，它们萌萌的样子往往要比视频中的可爱多了。

缺点：实体店运营成本高，价格自然会偏高一些，另外店内的员工也未必了解兔兔的颜色、品种、生日、父母等详细情况。

花鸟市场

这里的兔兔大部分来自兔场，以混种兔为主，很难买到血统纯正、品种正宗的兔兔。

优点：各个城市几乎都有花鸟市场，购买非常方便。

缺点：这里的兔兔多由兔场繁育，兔场的饲养环境普遍较差；幼兔会有过早离乳等情况，容易出现体质较弱、携带寄生虫等健康问题；此外，卖家多缺乏关于兔兔的专业知识，不仅容易饲养不当，在出售时还会经常将兔兔的品种弄混，比如把迷你兔、道奇兔说成侏儒兔。

电商平台

电商平台是目前大家最常想到的渠道，也是综合性能最好的购物平台。

优点：物流便捷，种类丰富。

缺点：除了可能同时存在前两个购买渠道的缺点以外，还会有盗用其他人的图片、视频，导致货不对版等情况；并且，部分店铺存在运输不规范的情况，例如使用普通快递运输兔兔等。

家庭兔舍

国内也逐渐有了一些专门繁育品种兔的家庭兔舍。家庭兔舍的情况完全取决于它的主办者，大家要对不同的家庭兔舍多多进行了解和对比。

优点：相较于以上渠道，通过家庭兔舍能买到品种更正宗的兔兔，同时兔兔的生活环境也比较好，健康更有保障；家庭兔舍的主办者一般有一定的专业知识，买家在这里购买宠物兔时，可以知道兔兔的生日、父母等情况，更有利于判断和选择。

缺点：一般正规的家庭兔舍是不支持现场挑选兔兔的，买家主要依靠照片和视频进行挑选；此外，异地购买还要增加对运费的预算。

其他渠道

除以上提到的一些渠道外，还可以通过社交平台等进行领养。此外，有人会收留被遗弃的流浪兔，这是非常有爱心的做法，大家可以找他们进行领养。不过因为宠物兔的野外生存能力很差，所以流浪兔并不常见。

● 常用的运输方式

购买的兔兔怎么运输呢？一般同城或从周边相近城市购兔可以选择自提，或要求商家使用网约车托运；如果所购兔兔来自更远的城市，可以联系专业的宠物托运公司，如果地处偏远地区，注意托运时间不宜过长，不宜多次转车（太过折腾）。如果需要空运，建议提前联系航空公司并确定空运兔兔需要准备的文件、流程及注意事项。

- ◆ **同城及周边城市**：自驾自提、汽车托运
- ◆ **较远地区**：宠物托运（普通大巴、宠物大巴）
- ◆ **空运**：确定需要准备的文件、流程、其他注意事项

小提示

有的商家会通过普通快递运输兔兔，对于这点雅丸是坚决反对的。快递运输时恶劣的外部环境（例如摔打、抛拽）以及缺乏水、食物和空气的及时补给，很容易造成兔兔的死亡。此外，运输兔兔时应考虑天气，例如冬夏时期要注意保温或避暑，以及兔子的年龄（不宜过小）等因素。

第2章

准备接兔兔回家

“兔兔到家前，

这些需要准备好。”

兔兔的小家

将兔兔接回家前，需要准备好必需的生活用品，为兔兔营造一个安全、舒适的小家，这样兔兔到家后就能安心生活啦！

用品选择要满足安全、坚固、美观、实用四大标准。

- 安全：用品一定要以安全的材料制造而成，尺寸合适、防碰撞、无异味等。
- 坚固：这是必要的标准，如果用品过几天就坏掉，兔兔会伤心的！
- 美观：用品美观会大大提升家长和兔兔共同生活的幸福感！
- 实用：如笼子与厕所要容易清理，其他用品要符合“兔体工程学”和兔兔的生活习惯！

必备用品

● 笼子

对于笼养家庭来说，兔兔的大部分时间都要在笼子里度过。那么如何选择一款合适的笼子呢？

首先，在确定尺寸时，不仅要考虑满足兔兔当前的日常生活需要，还要考虑兔兔成年后依然有充分的活动空间。比如对于荷兰侏儒兔（成年后约 1kg 重）来说，住在长度约 60cm 的笼子里，其体验感类似于 1 个成年人住在一间卧室中；住在长度约 80cm 的笼子里，其体验感相当于 1 个成年人住在一室一厅的房子中。

另外，最好选择便于清理的笼子。一般有底网的笼子比没有底网的更容易清理，不易积尿。很多笼子的底部设有抽拉式托盘，可以在托盘上铺一层塑料膜，更便于清理。

同时，笼子一定要兼顾安全性。笼内不宜设置太高的跳板，避免兔兔从空中摔落，导致骨折；笼子围栏的间隔不宜过大，不然兔兔会“越狱”！

小知识——兔兔的脚底为什么是黄色的？

一般家庭兔舍里会将几只兔兔共同饲养，它们难免互相踩尿，所以脚底会比较脏。将兔兔带回家后，一兔一笼饲养，注意日常的卫生，兔兔的脚底就会越来越干净。

● 厕所

厕所的选择和笼子类似，需要考虑的因素有：尺寸适宜、便于清理、安全可靠。厕所一般越大越好，大的厕所不仅能托住兔兔的大屁股，不少兔兔还喜欢趴在厕所上睡觉，大一些的厕所可以满足它们的休闲需要。一般我们会将食盆、水壶、草架布置在厕所之上，以便兔兔边吃边排泄时，排泄物可以直接落入厕所。

厕所的样式

市面上的厕所有很多样式，应选择大小适宜、防侧翻、易清理的类型。

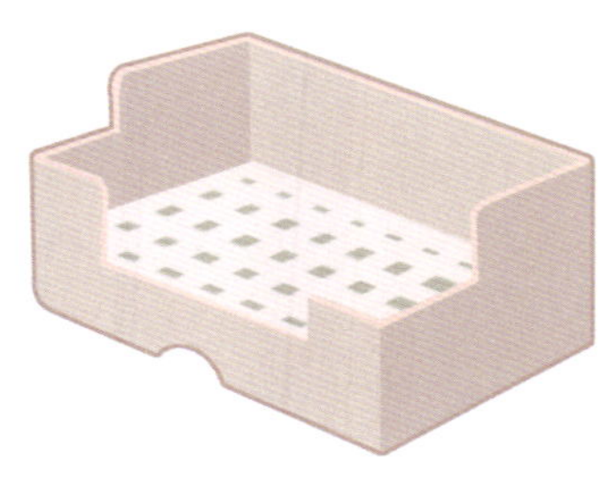

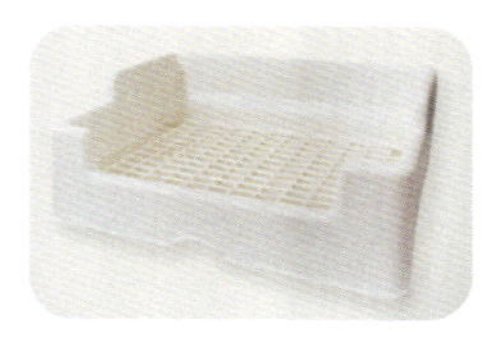

三面有围合的大厕所，能够更好地防止尿液喷溅。

分体式的厕所，可以定期更换底网。

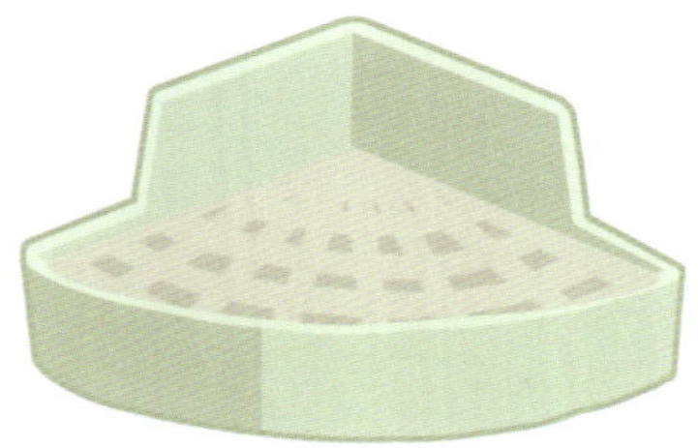

◆ 扇形的厕所，占地面积更小。

◆ 和草架结合的超大号厕所，叫作“直肠乐”，很适合边吃边排泄的兔兔。

◆ 不少心灵手巧的小伙伴会自己制作厕所，例如用沥水篮、书架、猫砂盆等进行改造。

厕所的使用方法

◆ 第 1 步：在盒内喷一点水。

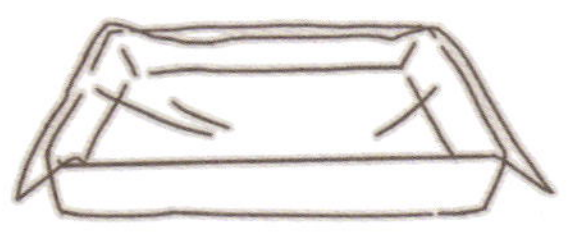

◆ 第 2 步：铺设一层薄膜。

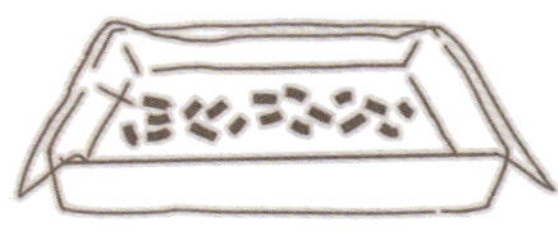

◆ 第 3 步：放上垫料（除臭砂）。

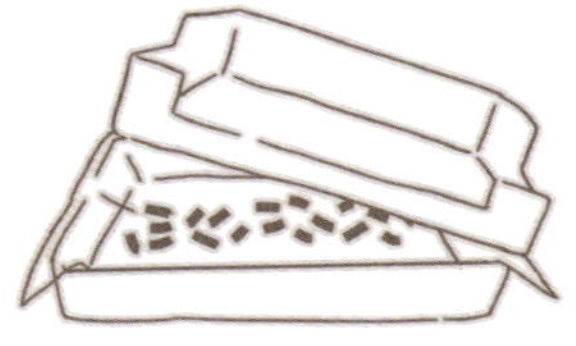

◆ 第 4 步：盖上盖子。

厕所的清理

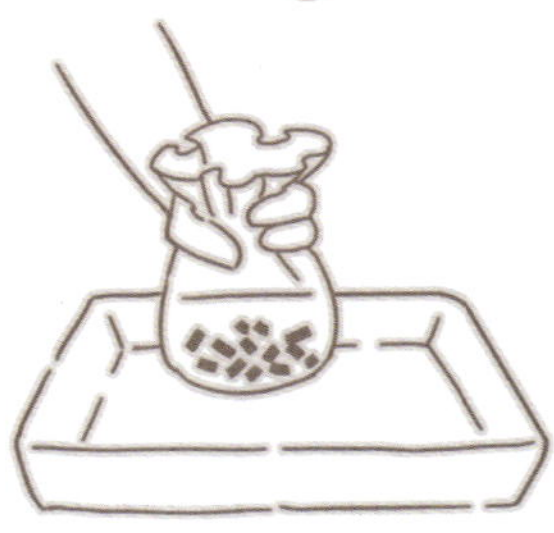

◆ 铺设薄膜后清理起来非常方便，直接“打包”拿走即可。

小知识——除臭砂

一般会在厕所里放入适量除臭砂，以快速吸水、吸臭，使厕所保持清洁。家里养猫的小伙伴也可以用猫砂替代。

饮水器

兔兔喝水一般要使用专用的滚珠水壶、撞针水壶或水碗。下面列举的几种不同形式的饮水器并没有本质区别，大家可以根据其优缺点和兔兔本身的习惯来选择。

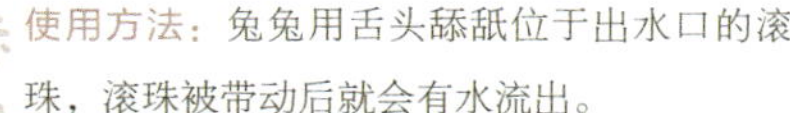

滚珠水壶

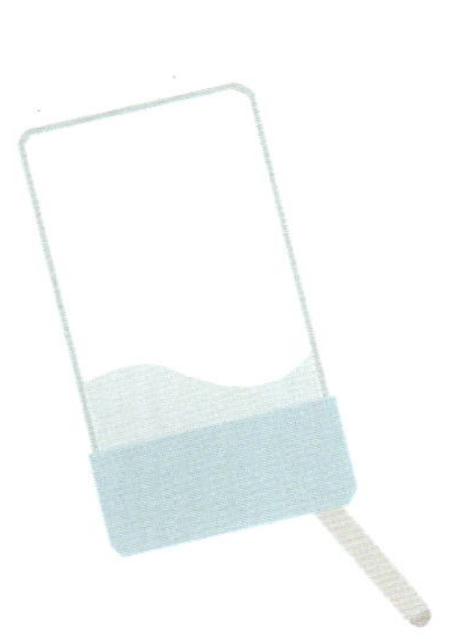

使用方法：兔兔用舌头舔舐位于出水口的滚珠，滚珠被带动后就会有水流出。

◆ 优点：种类多，易出水，水源不易污染，大部分兔兔都会用。

◆ 缺点：兔兔需要仰头喝水，这容易损伤其颈椎；可能会出现漏水、卡珠、噪声过大等情况。

注意：

◆ 收到滚珠水壶后，检查其是否漏水。

◆ 定期检查是否卡珠。可在滚珠水壶中装入水后，用手指按压滚珠，检查是否能顺利出水。

◆ 根据兔兔的体型选择滚珠大小合适的滚珠水壶。有的滚珠过大，兔兔的舌头舔不动，会导致出水困难，所以可以为幼兔选择滚珠较小的滚珠水壶。

◆ 滚珠“过于灵活”，一次性出水量过大，可能导致兔兔喝水时呛到。

撞针水壶

使用方法：兔兔用舌头舔舐位于出水口的细针，细针被带动后就会有水流出。

◈ 优点：种类多，易出水，水源不易污染，不易漏水。

◈ 缺点：和滚珠水壶一样，兔兔也需要仰头喝水，易伤颈椎。

注意：

◈ 撞针水壶的使用难度比滚珠水壶高，并不是所有兔兔都能顺利学会撞针（要顶一下才能出水）。

水碗

使用方法：兔兔直接低头在碗里喝水。

◈ 优点：可以保护颈椎，符合兔兔的生活习惯；噪声小。

◈ 缺点：容量小，水源相对易污染。

注意：

◈ 水碗中的水更易污染，家长需要勤换水。

◈ 水碗应放置在合适的高度，不然容易打湿兔兔的下巴。

不推荐

◆ 不推荐：不建议长期使用普通的碗或其他开放式容器喂水，除了饮用水长期暴露在空气中会滋生细菌外，兔兔还可能会踩进碗里，甚至在碗里排泄，水源会更加容易被污染。

小知识——怎么教兔兔用水壶？

一般可以将兔兔带到水壶（针对滚珠和撞针款水壶）边，让兔兔的嘴凑近水壶出水口，用手按压滚珠或撞针出水，让兔兔知道这里是可以出水的。也可以尝试在壶嘴涂抹乳酸菌等，诱导兔兔伸舌头舔食水壶出水口。

●食盆

很多小伙伴在食盆的选择上过于注重“颜值”，从而忽略了以下几点。

◆ 食盆不宜过深，否则会“卡脖子”。

◆ 盆口不宜过大，否则兔兔可能会边吃边在食盆里排泄，使食物被污染。

◆ 食盆应选择重量大或可固定的款式，这样更不易侧翻。

◆ 注意选择防啃咬的食盆，材质不好的食盆可能被兔兔咬碎。

●草架

草架的类型众多，按照悬挂的位置不同，草架可分为内置式草架（挂在笼内）、外置式草架（挂在笼外）。外置式草架最大的优点是可以防止兔兔“沉浸式吃草”，也更方便家长加草。

虽然市面上的草架种类很多，但一款优秀的草架不仅需要自身质量过硬，也要兼具防兔兔扒草、卡脚、啃食、吃草时被卡住等的功能。

市面上还有将草架与食盆设计为一体的产品，但使用此类草架常常会出现兔兔蹲在食盆里吃草，导致食盆受到排泄物的污染等问题，所以个人并不推荐。

市面上还有一类滚筒式草架，可以增加兔兔吃草时的趣味性，但普遍噪声较大。

此外，草袋也是不错的选择哦！草袋往往有更高的“颜值”，也可以更好地防止出现兔兔扒草、吃草时被卡住等情况。不少小伙伴会用家里的布料亲手为兔兔缝制草袋。

●食物

牧草和兔粮是必不可少的食物哦！兔兔常吃的牧草以提摩西草、苜蓿为主。具体的喂食方法与喂食量在后文有详细介绍。

◆ 提摩西草——对兔兔来说是非常重要的食物，日常中要大量提供给它们。虽然提摩西草提供的其他营养物质较少，但富含粗纤维，有很好的磨牙、助消化等效果。

◆ 苜蓿——苜蓿的营养价值比提摩西草更高，常喂给处于成长期的兔兔。

◆ 兔粮——日常中兔兔获取营养的主要来源，兔兔在 6 个月大前需要吃幼兔粮，在 6 个月大及更大时可吃成兔粮。

提摩西草

苜蓿

兔粮

最好准备的用品

● 电子秤

小型兔推荐使用厨房秤即可。电子秤可用于称量体重、食物重量，以便科学地控制饮食，监测兔兔的健康水平。使用电子秤时，可将兔兔放入容器内称量。

● 一次性薄膜

在前面介绍笼子、厕所时提到过一次性薄膜。笼子中使用的一次性薄膜一般较大，厕所中使用的一次性薄膜较小。使用一次性薄膜可以大大节省日常清理的时间。

● 宠物尿片

宠物尿片一般为纯棉材质，可用于辅助训练兔兔定点上厕所，大家可以视情况选购。

● 趾甲剪

最好使用小型宠物专用的趾甲剪，使用时更加安全！

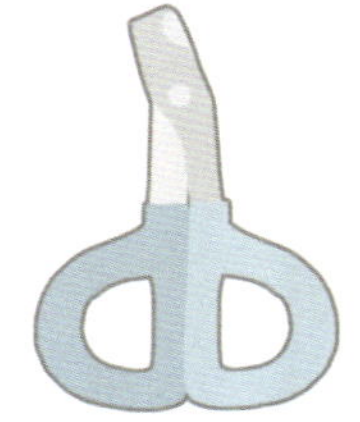

●梳子

经常为兔兔梳理毛发可以更好地去除浮毛、避免毛发打结。大家可根据兔兔毛发的长短、柔软度来选择合适的梳子。挑选梳子时需要注意梳齿不要过于锋利，避免伤害兔兔的皮肤和健康的毛发。

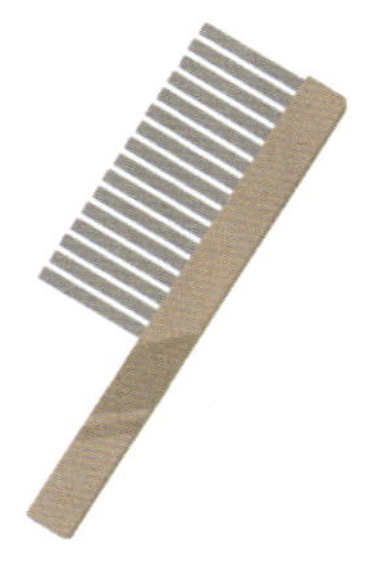

可选择的用品

● 躲避屋

对大部分兔兔来说，它们更喜欢待在能够容身的“狭小”空间，如躲避屋这样的用品似乎就能给兔兔满满的安全感，是类似兔窝的存在。但躲避屋绝非必要用品，有的兔兔甚至不会进入躲避屋，若兔兔不喜欢，可以撤除。

● 玩具

玩具种类丰富，一般为实木类、草编类，可以为兔兔提供啃咬、解闷的乐趣，同时满足兔兔喜爱咬东西的天性，使兔兔更加快乐！

● 跳板、阶梯、隧道

在笼子内设置一些跳板、阶梯等，可以使兔兔不再局限于在水平空间中活动，在竖向空间中活动更具丰富性、趣味性。放置隧道也可以满足兔兔喜欢钻洞的天性。

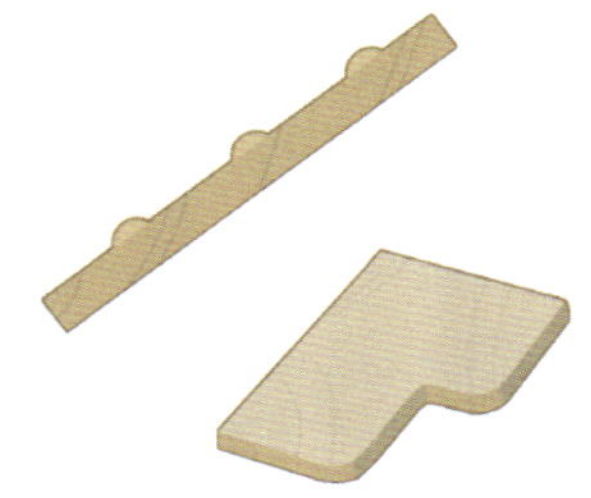

● 围栏

想要让兔兔在一定的空间内活动，可以使用围栏进行空间限定。不少家长会在笼子周围设置围栏，形成一个便于兔兔奔跑的小院子。

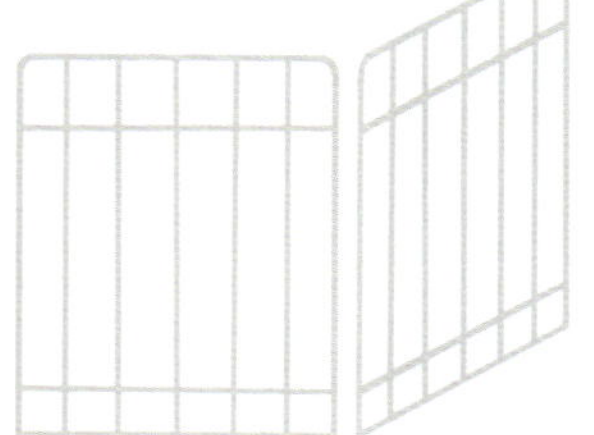

● 软垫

有的家长会在兔兔的活动区域内铺上软垫，这样可以更好地保护兔兔的脚底，同时可以提高美观度。

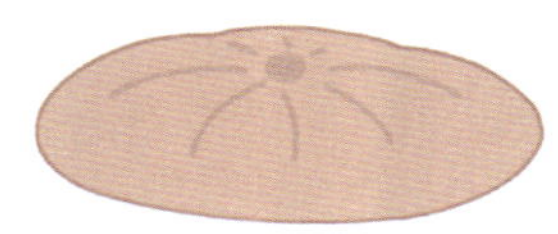

● 温湿度计

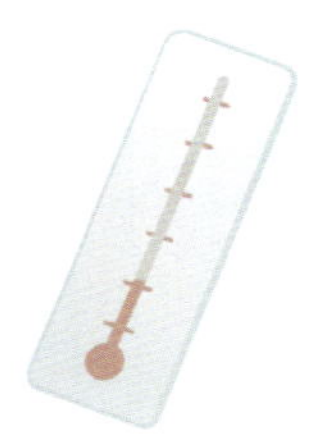

温湿度计用于检测兔兔生活环境的温度、湿度，便于家长及时调整，为兔兔营造更加舒适的生活环境。

● 防暑 / 保暖用品

20~25℃是让兔兔在日常生活中感到较为舒适的温度，适宜的湿度为 40%~60%。兔兔十分怕热，所以在夏天一定要做好避暑措施，避免兔兔中暑。常见的防暑降温用品有降温板、冰屋等。在寒冷的冬天，给兔兔准备暖和的小窝、棉垫可以起到较好的保暖作用。

除臭喷剂

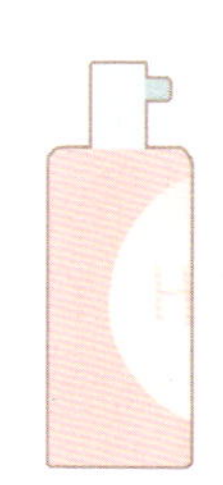

其实只要做好日常清理，兔兔本身是没有什么味道的，所以除臭喷剂最好可以兼具除臭和杀菌功能。选购时，注意选择无刺激性气味、宠物舔食无害的类型。

提包 / 宠物箱

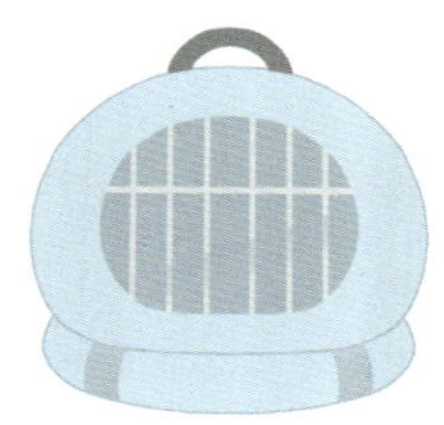

带兔兔外出时最好使用专用的提包 / 宠物箱。提包 / 宠物箱的款式很多，注意选择大小适宜、安全稳固的提包 / 宠物箱哦！

牵引绳

带兔兔外出放风时应该配置牵引绳，避免兔兔跑丢。注意选择尺寸合适的牵引绳。

如何布置笼子？

笼子的布置需要考虑兔兔的品种、性格、年龄、生活习惯等。如养在室外，可以使用专用的室外兔兔饲养笼，但室外的气温与湿度不稳定，所以大部分家长仍选择将兔兔养在室内。

◆ 厕所：放在靠笼子的边缘或某个角落。

◆ 饮水器、食盆、草架：刚将兔兔接回家时，可以先放置在厕所上方，便于兔兔边吃边排泄，也利于兔兔养成在固定地点上厕所的习惯。

◆ 玩具：放置适量玩具即可，注意不要过多压缩兔兔的活动空间。

◆ 坡道：笼内的坡道一般靠笼边放置，不过坡道不是必需品，因为兔兔跳跃能力很强，不是太高的地方都可一跃而上，所以可能不需要借助坡道活动。

选择放置笼子的场所

● 笼子适合放哪里？

◆ 避免正对风口：

放置笼子时要避免正对风口，如直接面对敞开的窗户、空调出风口等，将笼子放在此类位置可能会造成兔兔身体不适。

◆ 房间选择：

建议将笼子放在安静的房间内，远离出入口、固定电话等位置。因为兔兔对于声音比较敏感，频繁的声响会使兔兔感到不安。夏天时，最好选择无太阳直晒、阴凉的房间。

◆ 位置选择：

笼子一般靠墙放置，如单面靠墙或放置在墙角处，这样会让兔兔更有安全感。

◆ 多个笼子：

多兔家庭需要布置两个及以上的笼子时，除了靠墙放置外，笼子与笼子之间最好有一定间隔。

● 房间中可能存在的风险

当兔兔走出笼子在房间里活动时，我们要注意帮兔兔规避风险，保证它的安全！下面列举一些可能对兔兔造成伤害的物品，需要多注意。

电线：

啃咬东西是兔兔的天性，应当提前收纳电线或做好防啃咬措施。

垃圾桶：

兔兔的嗅觉十分灵敏，垃圾桶中散发出的气味可能会引起兔兔的注意，建议及时清理垃圾桶或临时将垃圾桶放到其他房间。

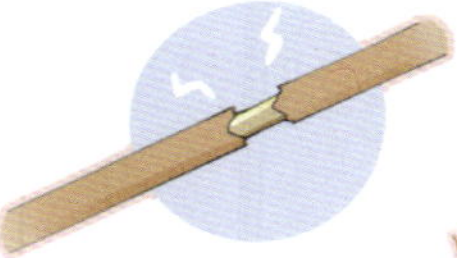

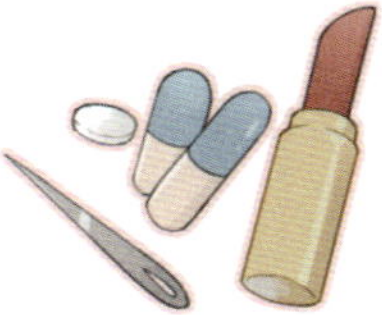

盆栽：

有的盆栽对小动物来说有剧毒，最好提前做好功课，及时排查对兔兔有害的盆栽。

其他可能被误食的东西：

塑料块、零食、药丸、化妆品等小物品也要提前收纳好！

● 兔兔的“套房”

许多家长为了增加兔兔的生活空间，使它们不被局限于笼子之中，会利用围栏圈出限定的区域，有些范围大得像一个带小院子的“套房”。这样既可以使兔兔的运动量大大提升，同时也可以使兔兔远离危险。

* 一位上海的家长为她的兔兔搭建了一座豪华兔兔城堡。整座城堡不仅气势恢宏，也同时满足了兔兔跳跃、穿越、啃咬的小爱好。原木材质的使用和倒角的设计更大程度地保障了兔兔的健康和安全。可爱的兔兔穿梭其中，站在高高的城堡上，看起来非常满意

常备药品及营养品

适量摄入除兔粮、牧草外的营养品可以更好地保证兔兔的健康，有条件的家长可以提前购买一些备用。以下介绍几种常用的药品、营养品，大家酌情选购即可。选购时注意挑选兔兔专用品类。

电解质：推荐常备

初到家、换环境、外出时，可以喂电解质防止兔兔产生应激反应。同时也可以将电解质作为日常使用的营养品。

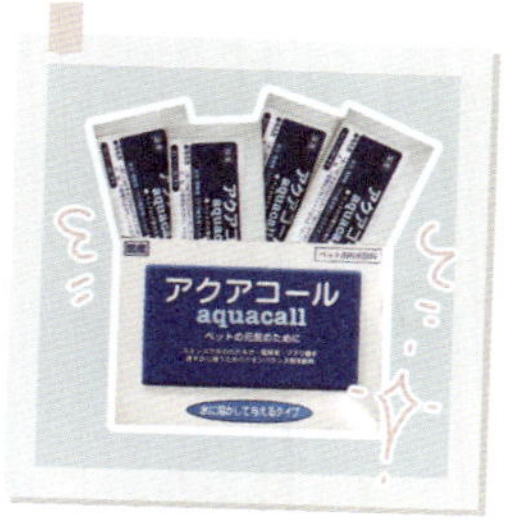

乳酸菌 / 益生菌：推荐常备

乳酸菌 / 益生菌一般为颗粒状、粉末状、膏状，可以作为兔兔的日常保健品，用来丰富肠道菌群，增强肠胃功能。

洗眼液：推荐常备

如发现兔兔眼睛内有异物，可及时用洗眼液进行冲洗、消毒。

消炎眼药水：推荐常备

兔兔眼部受到异物刺激、细菌感染后会发炎，由于这种情况十分常见，因此要常备消炎眼药水，且不可用洗眼液替代。

草粉：推荐常备

当兔兔出现身体状况不佳、无法自主进食的情况时，喂食草粉可及时防止兔兔出现营养不良、低血糖等症状。

帮你壮：选配

帮你壮也是益生菌，只是它更偏向药用范畴。当兔兔出现胀气、软便等情况时，喂食帮你壮可以帮兔兔快速调理肠道，恢复体力。

化毛膏：选配

兔兔一般在 4 个月大后才需要使用化毛膏。在换季换毛期，可以喂食一些化毛膏，以避免兔兔舔入大量毛发，从而影响肠胃功能。

黄水、绿水：推荐常备

黄水是一种营养强化液，适合在兔兔生病、体弱、怀孕时使用。绿水可用于治疗软便、胀气、便秘等。

木瓜丸：选配

木瓜丸有调理肠胃、美毛、化毛等功能，可使兔兔远离毛球症。

营养膏：选配

营养膏有强化肠道功能、美毛、增强体质、保健等功效，一般口感较好，兔兔爱吃。在与兔兔互动的过程中，可以将营养膏作为小奖励。

用品的日常清洗和管理

兔兔是爱干净的小动物，保持生活环境的整洁可以保证兔与人的身心健康。如果不好好清理用品，用品就可能产生异味，大量滋生细菌。所以如果用品脏了，就要及时清洗或更换。

食盆 每天 1 次小清理，每周 1 次大清理

一般使用清水冲洗干净食盆，晾干后即可放回笼子。定期进行大清理时，可先对食盆进行消毒，再放回笼子。

草架 每 1~2 周清理 1 次

草架中如有残存的碎草应当及时清理，时间过长其就会滋生细菌。如草架被排泄物污染，应及时清理、消毒后再继续使用。

饮水器 每 1~2 天 1 次小清理，每周 1 次大清理

建议每 1~2 天为兔兔更换 1 次饮用水，保证饮用水的干净。每次换水时，可对饮水器进行简单的清理；每周进行大清理时，可使用工具清洗饮水器中的水垢。如日常发现饮用水被污染，应及时清理饮水器，更换干净的饮用水。

除臭砂 每 1~2 天清理 1 次

除臭砂以每 1~2 天更换 1 次为宜。兔兔是根据味道上厕所的，所以加入新的除臭砂时，可保留少量之前的除臭砂，以保留一定的味道。

厕所　每周 1 次大清理

厕所上有明显污垢时请及时清理。平常每周清理 1 次即可，可使用安全的洗剂、工具除去厕所上的尿垢。

托盘　每 1~2 天清理 1 次

如果托盘上铺了一次性薄膜，那么清理起来会十分轻松。

笼子　每月清理 1~2 次

清理时可使用工具和洗剂，若是能够消毒则更好。

其他用品

玩具、隧道、躲避屋等可视具体情况进行清理。注意木制品不要使用洗剂清洗，清洗后的物品需要晾干后再放回笼子。

小提示

给兔兔打扫笼子时，可将兔兔安置在笼子外的其他地方，或放置在宠物箱中。成年兔兔的领地意识较强，打扫卫生时如果兔兔正在笼子中，它们可能会因“领地被冒犯”而生气，甚至和家长“大打出手”。

第3章
与兔兔的日常生活

“开始和兔兔一起生活，
有什么是需要做的呢？”

到家初期

第一次踏入新家对可爱的兔兔来说可能是一次巨大的挑战，家长需要给予充分的耐心和关怀，让兔兔在新家中感到安全和舒适，更好地适应新的生活。那么兔兔刚到家时，有哪些应该注意的地方呢？

● 预防应激反应

兔兔对环境的变化比较敏感，刚到家的兔兔由于环境变化，可能会缺乏安全感，甚至产生应激反应，情况严重时会死亡。那么如何避免兔兔产生应激反应呢？

首先，在笼子里放好水、牧草后离开，让兔兔独自待在笼子里熟悉新环境，其间不要打扰它。大约过一小时，待其适应后再进行观察、互动。

其次，如果你的兔兔经历了长时间的托运，路途的颠簸也会增加兔兔产生应激反应的风险。为了预防应激反应，家长可以待兔兔到家后在水里添加一些电解质，一般让兔兔喝一天即可。

小知识——什么是应激反应？

应激反应是指受到压力、刺激时身体产生血压升高、晕倒、腹泻、精神萎靡、食欲不振等情况，严重时可能会导致死亡。

训练上厕所

兔兔其实很聪明，可以根据气味上厕所。原则上只要保证厕所里有它自己排泄物的气味，其他空间中没有该气味，便能大大提高兔兔养成在固定地点如厕习惯的概率。家长可以将水壶、草架、食盆放在厕所上方，这样兔兔可以一边进餐，一边将排泄物直接排进厕所。下面再推荐两种让兔兔学会上厕所的方法。

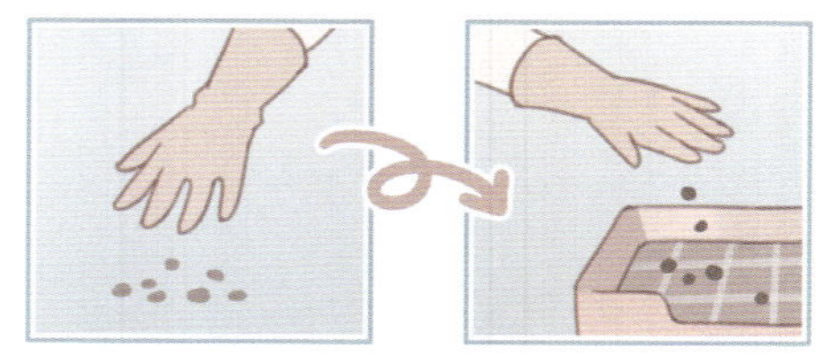

如果有掉落在厕所以外区域的粪便，可以捡起来丢进厕所里。

*捡的时候，戴好手套哦

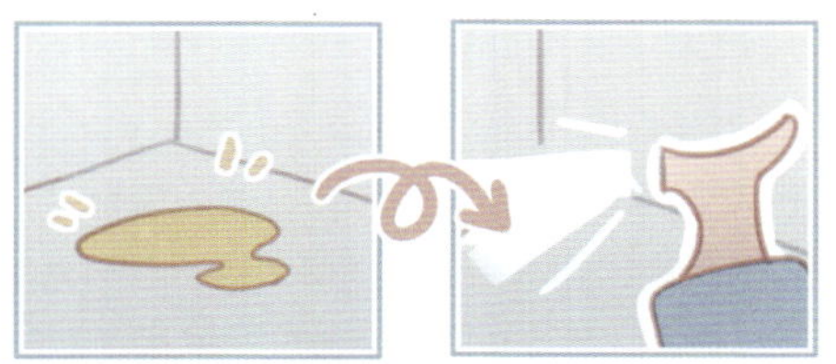

如果兔兔尿在厕所以外的区域，擦净后可用祛味剂处理。

②

铺上尿片

如果兔兔尿在尿片上，可以将粘有尿液的部分单独剪下来丢到厕所里，然后更换新的尿片。

● 关于兔粮过渡

建议从一个品牌的兔粮换为其他不同品牌的兔粮时，不要一下子全部更换，而是慢慢过渡，以避免兔兔肠胃不适。购买兔兔后，一般卖家会附赠一些兔兔之前食用的兔粮，以便兔兔到新家时用于过渡。

过渡方法

在原兔粮中不断掺进一定比例的新兔粮。如第一天掺入 10% 的新兔粮，第二天掺入 20%，第三天掺入 30%……逐渐增加比例，直到最后完全替换为新兔粮。兔粮的过渡时间不宜过短，也无需过长，一般为 7 天。

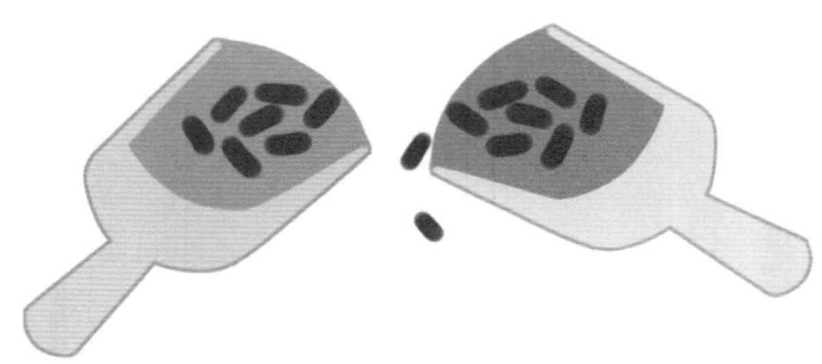

● 关于寄生虫检查，球虫真的那么可怕吗？

要想知道刚到家的兔兔有没有感染球虫，只要携带兔兔的新鲜粪便去宠物医院进行便检即可。如兔兔被确诊为携带寄生虫，请谨遵医嘱用药，并对兔兔的生活环境进行清洗和消毒，避免二次感染。

什么是球虫？

球虫，是兔兔体内最常见的一种寄生虫。球虫一般通过环境、母体等传染。

兔兔有球虫就会死吗？

对于小于 3 个月的幼兔来说，球虫病是致死率非常高的疾病！球虫病主要发生在免疫力低下、体质不好的幼兔身上。一般饲养环境良好，同时被科学饲养的兔兔体质会比较好，不容易生病，感染球虫的概率也更低。

小提示

不要随便给兔兔驱虫，用药要谨遵医嘱！驱虫药、驱虫针剂的不当使用可能会引起肠道菌群失调、器官衰竭、败血症等情况，甚至会导致兔兔死亡。

● 兔兔的状态观察

兔兔到家后的 1~2 天内，注意观察兔兔是否正常进食、吃草、喝水，粪便形状是否圆润饱满，以及精神状态是否正常。如发现兔兔有食欲不振、精神萎靡、腹泻等情况，需及时联系卖家获得帮助或及时就医。

● 刚开始接触兔兔的技巧

兔兔到家的 3~4 天后，可以开始尝试和兔兔接触啦。例如可以将兔兔放到腿上，用手轻轻抚摸，同时用手给予一些食物（兔粮、牧草、一点点零食），适当地抚摸和投喂食物会让兔兔产生愉悦感。这样重复几次有助于帮兔兔建立认知：和这个味道的人类在一起时有舒服的抚摸，还有好吃的，真是开心呀！这样的话，兔兔怎么会不爱你呢？

等到兔兔习惯与你共同生活后，就可以尝试将它们放到笼子外玩耍啦！

小提示——我抓兔兔时，兔兔还是跑怎么办呢？

这是很正常的。人类在兔兔眼里是庞然大物般的存在，有些兔兔更容易与人亲近，有的则需要家长拥有更多的耐心。在兔兔没有受到惊吓的情况下，家长可以尝试稍微“强势”“霸道”地和兔兔接触；如果兔兔反应激烈，请给予它们更多的时间适应，如可以隔着笼子用手喂食以增进感情。

日常活动

兔兔和家长的一天

兔兔和人类的作息大不同！兔兔是夜行生物，白天几乎都在吃饭、发呆和睡觉，到了晚上逐渐开始兴奋——大口“炫饭”、疯狂“蹦迪”！所以和兔兔的互动可以尽量安排在傍晚或晚上哟！

吃饭、发呆和睡觉

中午

傍晚

工作、吃饭

开始活跃

晚上

开始休息

● 室内放风

兔兔到家一段时间，熟悉了环境和家长，并基本养成定点如厕的习惯后，就可以让兔兔在笼子外放风啦！经常给兔兔放风可以增加兔兔的运动量，有效避免肥胖、增强肠胃蠕动，还可以增进兔兔和家长之间的感情。但长时间在硬质地面上活动可能会导致兔兔患脚炎，所以可以在用于给兔兔放风的地面上铺设地毯、地垫等，以起到防滑和护脚的作用。

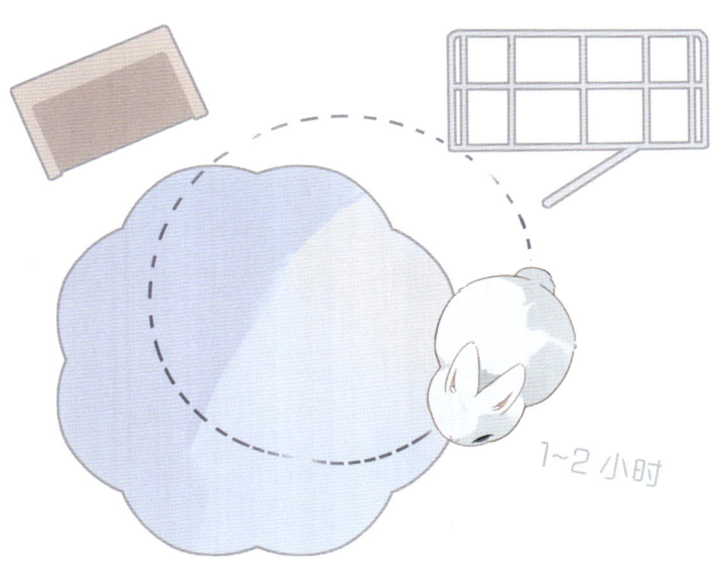

小提示——如何安排放风时间？

每天的放风时间应尽可能安排在固定的时间段，帮助兔兔养成固定的生活方式。每次放风可控制在 1~2 小时，时间不宜过长也不宜过短。如果放风时间太短，兔兔回到笼子内后，可能会通过摇晃笼子、咬门等行为“抗议”。

● 担心兔兔在笼子外大小便

一般建议在兔兔基本养成定点如厕的习惯后，再让其到笼外进行活动。为避免有时活动空间过大，兔兔来不及跑回厕所大小便，可以将兔兔换到小房间、用围栏限定活动空间、在房间内多放几个厕所等，或一开始先将兔兔限定在较小的空间内活动，再根据兔兔的表现逐渐增大活动范围。办法总比困难多，兔兔需要家长的耐心引导和包容！

●外出散步的准备及注意事项

首先必须要知道的是，带兔兔外出散步、放风不是必需的行为，日常的室内放风已能够满足兔兔的玩耍需求。外出有较多不确定因素，一定要综合考虑后再决定是否外出。

≥6个月

年龄在 6 个月以下的幼兔还不够健壮，且外界的不确定因素过多，尽量不要带它们外出。

一定要在兔兔身体健康的状态下带它们外出散步。对于体质较弱、行动不便、生病的兔兔，不建议带它们外出散步。

◆ 对于格外胆小、对陌生环境反应较大的兔兔，如出门时有较大反抗行为，进入新环境时表现出焦虑、呼吸过快、身体发抖等，见到陌生人时出现压力增大等情况，建议将兔兔留在熟悉的环境中活动；同样，对于不喜欢、不愿意出门的兔兔，不要强制其外出，否则可能会导致其产生应激反应，重则死亡。

◆ 天气也是非常重要的因素之一！外出前需要综合考虑温度、湿度、风雨等情况，如遇大风、下雨、炎热、酷寒等天气，则不要外出。当室外有阳光，温度也较适宜时，外出放风时也要注意时刻观察兔兔的状态，避免兔兔因运动过多而出现脱水、中暑等情况。

◆ 观察空中是否有鹰、乌鸦等，避免兔兔遭受突然袭击；外出散步时尽可能远离猫、狗等比它大的宠物，同时要注意“熊孩子”，尽量选择人少、宠物少的地方散步。此外，还要避免兔兔摄入农药、杀虫剂等对兔兔有害的物质，如小区、公园等的植被茂盛处可能会喷洒药剂、投放药物，兔兔可能会误食。

◆ 如果你的兔兔难以被怀抱，甚至你们关系欠佳，那么带兔兔外出后可能不好控制它，你就需要谨慎考虑是否带兔兔外出。

准备外出用品

外出宠物提笼、提包

由于外出散步时会有较长时间处于移动状态，使用宠物提笼、提包就变得非常重要，这样不仅方便携带兔兔，也会让兔兔更有安全感。也有小伙伴将兔兔放进宠物小推车、小篮子中，只要兔兔不抵触，都是可以的。选购宠物提笼时，宜选择底面较硬的，这样兔兔才能够站稳。

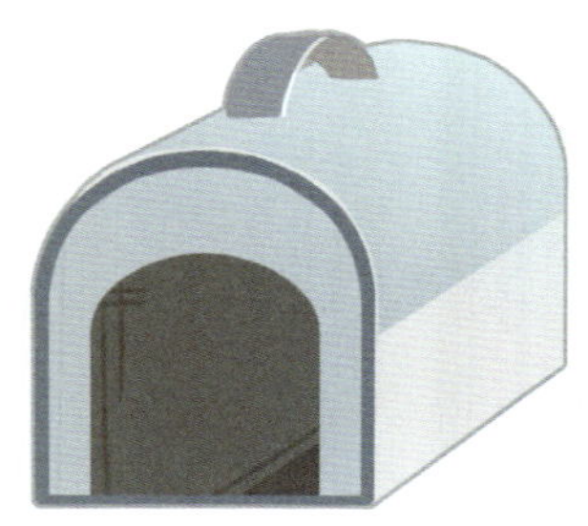

牵引绳

外出散步时有一根牵引绳同样非常重要！众所周知，兔兔跑得很快，而戴牵引绳放风可以有效避免兔兔跑丢，在出现意外情况时，也能尽快将兔兔拉回来。一定要选择大小合适、兔兔穿戴舒适的牵引绳。

饮用水和饮水壶

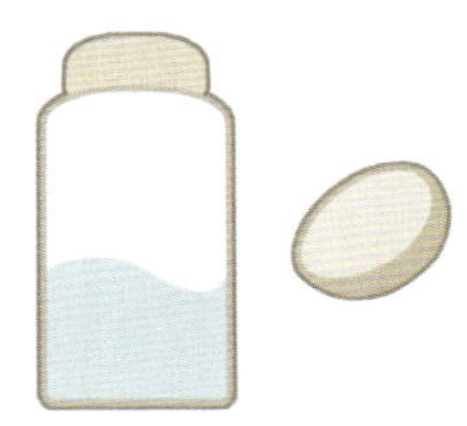

外出放风的体力消耗较大，为兔兔准备一些饮用水是十分必要的，可提前购置专用的宠物外出饮水器。如忘记带宠物外出饮水器，可以将瓶装水倒在瓶盖里喂兔兔。

牧草和兔粮

外出时间较长时，需要带足牧草和兔粮，以及时为兔兔补充能量。牧草和兔粮可用分装袋分装，放入随身携带的包包中。

清洁用品

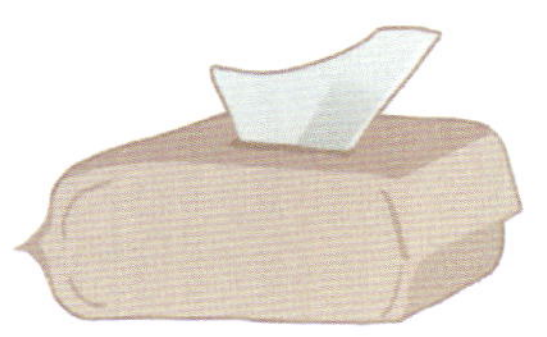

可以随身携带毛巾、纸巾、湿巾等，在散步结束时为兔兔擦去身上、脚底的灰尘后再将其放回提笼或提包中。

日常清洗及护理

● 日常梳毛和换毛期应对

在日常生活中，兔兔旧的毛发会脱落，新的毛发会长出来。日常梳毛不仅可以帮助兔兔清理毛发，提高“颜值”，还可以及时检查兔兔的健康状态并增进感情。除了日常换毛，兔兔一年有两个换毛期，主要在春天和秋天。春天，兔兔褪去厚厚的毛发，换一身较薄的夏毛；而到了秋天，兔兔会褪去夏天的毛发，换上一层更厚的冬毛，以便更好地保暖。兔兔在换毛期会有大量毛发脱落，家长可以勤加梳毛以避免兔兔患病，同时脱落的毛发也不会飞得到处都是。

梳毛时，首先将兔兔放到腿上，找到人和兔兔都舒服的姿势，然后使用梳子顺着兔兔的毛发梳理全身。刚开始梳毛时，可以浅浅地梳几下让兔兔适应；接着，从臀部开始将毛翻起，使用梳子顺着毛发梳理，由臀部梳至背部。头部的毛发可以使用毛刷梳理。

兔兔的皮肤很嫩，注意梳子尽量不要触碰到皮肤；梳毛时，一定要顺着毛发梳理，不要用力拉扯，避免损伤皮肤。如果要使用喷剂，则在梳毛前轻轻喷至兔兔的全身或梳子上，然后再梳毛即可（使用喷剂应避免液体进入兔兔的耳朵、鼻子、眼睛，每一种喷剂的使用方法都有差异，请遵循产品使用说明）。

小提示——兔兔排斥梳毛怎么办？

对于一些刚接触梳毛、不太适应的兔兔，可以喂一些零食来帮助兔兔稳定情绪；如果兔兔不喜欢在腿上，可以将其放在矮桌上进行梳毛；如果兔兔十分排斥梳毛，但又不得不给它们清理毛发，可以寻求专业人士的帮助。

梳毛前的准备

- ◆ **梳子**：一般有针梳、毛梳、贝壳梳等。
- ◆ **防毛外套**：家里没有防毛外套可穿不易沾毛的衣服或旧衣服、围裙等，也可以将兔兔放在桌上梳毛。
- ◆ **口罩**：用于避免毛发进入呼吸道。
- ◆ **喷剂**：使用喷剂可以更好地清理毛发，提高光泽度，但不是必要的。

相较于短毛兔兔，长毛兔兔的毛发更容易打结、藏污纳垢，所以一定要经常梳理。当毛发打结、不易梳开时，可以将打结处剪掉。长毛兔兔在换毛季，新、旧毛容易缠绕打结，此时可以找专业人士将毛发剃短。

● 身体清理

兔兔的日常身体清理包括清洗眼睛、修剪趾甲、清理耳朵、清理肛门。

清洗眼睛

兔兔的眼睛有时会进灰尘、粘有异物、存在眼屎等，此时就需要人帮助兔兔清洗眼睛。清洗眼睛时，将兔兔放在腿上或矮桌上，将眼皮轻轻扒开并观察异物的位置，使用专用洗眼液将异物冲出眼球表面并流出眼睛，再用纸巾擦拭干净即可。如异物冲出后粘在眼角不易清理，可用棉签轻轻拨弄。注意使用洗眼液后，残留在兔兔身体表面的液体要及时擦干。清洗眼睛时，动作一定要轻，不要用力拉扯，避免伤到兔兔。

修剪趾甲

家养的兔兔由于缺少运动，趾甲容易过长，所以需要隔一段时间进行修剪。修剪趾甲一般会用到宠物专用的趾甲剪刀，这种剪刀的刀口可以勾住趾甲，便于修剪。

修剪趾甲时，先将兔兔仰抱在腿上，然后先剪难度较低的前脚，再剪难度较高的后脚。如果手法不太熟悉，可由两个人合作完成：一个人抱住兔兔，另一个人修剪趾甲。如果一次不能修剪完所有的趾甲，可分几次完成。

小提示

给兔兔剪趾甲时，注意将刀口控制在血线前 2~3mm 处，不要剪到血线。如果不小心剪到血线，可以用棉花按住伤口止血，并涂抹适量碘伏消毒。

清理耳朵

为兔兔检查时一定要观察耳朵是否干净、光滑、无异味，检查时可将兔兔的耳朵轻轻翻开并仔细观察耳穴深处。清理兔兔耳朵上的污垢时，需要使用专用、无刺激的洗耳液将棉签浸湿，轻轻旋转棉签擦拭污垢处。注意棉签不可过湿（滴水），更不可将洗耳液直接倒入兔兔耳中。清理干净后将多余液体及时擦拭干净。如果发现兔兔有耳疾或其他异常，请及时联系专业人士或就医。

清理肛门

对于幼兔，需要经常检查肛门是否干净，如有粪便粘连在肛门附近就需要及时处理；如果兔兔肛门附近的毛发较脏，可使用湿巾擦拭干净；如果肛门附近较脏并且难以用湿巾清理，可用温水浸湿毛巾后擦拭，或用温水轻轻清洗肛门及附近被污染的毛发。

兔兔肛门附近会有发出臭味的臭腺，并伴有黑褐色的排泄物，兔兔以此来彰显自己（发情或标记领地）。兔兔的臭腺可用棉棒轻轻擦拭；如果排泄物已发硬从而不便清理，可用棉棒蘸取少量清水或专用洗剂擦拭干净。

小提示——兔兔可以洗澡吗，能不能用水洗澡？

如果没有特殊情况，兔兔可以一辈子不洗澡。首先，兔兔一般是爱干净的，它们会自己清理身体；其次，兔兔的毛发在不停更换，每隔一段时间毛发就会换新，自然就干净啦！没有特殊情况不建议给兔兔洗澡，更不建议用水洗。水洗可能会使兔兔受到惊吓，引起应激反应；兔兔洗澡后可能着凉，从而引起感冒、腹泻，严重时会有生命危险。

● 各个年龄段的照顾重点

幼兔（6 个月内）——幼兔出生后，前期主要由兔妈妈的奶水喂养。幼兔长大到接近满月时，开始逐渐摄入兔粮、牧草，一般幼兔在第 6 周会彻底断奶。在从喝奶到完全吃兔粮、牧草的过渡期，幼兔的身体较为敏感，家长要注意温湿度的合适和稳定，任何细微的环境变化都可能导致幼兔下痢，这是十分危险的。

对于幼兔，应喂食幼兔粮以补充其成长所需的营养。为避免一次摄入太多而消化不良，一日可分 2~3 次喂食，具体喂养方式可参考第 4 章。注意在 4 个月大以前尽量不要喂幼兔新鲜的蔬菜，避免其消化不良。

◆ **成年兔（6 个月 ~8 岁）**——兔兔在 5~6 个月时，由吃幼兔粮逐渐过渡到吃成兔粮，一天吃 1 次即可。如前期用苜蓿喂养，应当在幼兔成年后停止喂养苜蓿。兔兔在 6~10 个月时会开始发腮、生长冠毛，其间可以安排绝育手术。兔兔在 1~4 岁时处于青壮年时期，这期间兔兔活泼好动，颜值也相对较高哦！ 4~8 岁，兔兔的身体机能开始有所下降，表现为活动减少、牙齿和器官逐渐老化。在这个阶段，家长一般可以喂老年兔粮了。

◆ **老年兔（8 岁以上）**——大于 8 岁的兔兔，已经是“妥妥的”老年兔了，并且已经在吃老年兔粮了，吃的牧草也以柔软的二番提摩西草为主。此时兔兔的居住空间应当更加平坦，家长应减少不必要的玩具。有条件的家庭，可以带兔兔做定期检查，并日常关注兔兔的牙齿、粪便等的情况。同时家长要做好心理准备，因为这个阶段的兔兔可能随时去“兔星”。

● 各个季节的照顾重点

兔兔对于温度、湿度的变化非常敏感，家长在不同季节要采取相应的应对措施，才能让兔兔健康快乐地生活！

春天

春天的总体温湿度较为适宜，但早晚温差较大，家长应当维持兔兔生活空间的温湿度稳定。由于温度渐渐升高，兔兔的食欲可能会有所下降。此时兔兔进入第一个换毛期，家长可以帮兔兔梳理毛发，避免它们大量吞入脱落的毛发，同时可喂食适量的化毛产品。

夏天

兔兔最怕热了，当室内温度高于30℃时，兔兔就有中暑的风险！夏季应将兔兔放在阴凉处，如朝北的房间。如遇到高温天气，推荐使用空调降温。此外，常用的降温用品还有降温板、冰盒、冰屋等。如使用冰盒降温，可用毛巾包裹冰盒，避免滴水打湿兔毛。

秋天

和春天类似，秋天的总体温湿度较为适宜，但早晚温差大。此时随着天气变冷，兔兔食欲逐渐增加，同时进入第二个换毛期。

冬天

虽然兔兔有一身厚厚的毛发，但也要尽量控制室温在10℃以上。室内温度过低可用空调、暖气等设备提高温度。同时可准备一些棉窝、棉垫等，用盖毯将笼子盖住也是一种保温的方式。如天气过于干燥，可使用加湿器。

梅雨季节

适宜兔兔生活的湿度为 40%~60%，梅雨季节湿度过高，家长可用空调的除湿模式排除空气中多余的湿气。由于湿度较高，家长还要注意及时清理兔兔的生活环境，避免滋生细菌；并且时常检查兔兔的皮肤表面，有皮肤病时应尽早治疗。对于兔粮和牧草应尽可能密封保存，兔兔吃剩的食物易受潮变质，所以要尽快清理，不然对兔兔的健康是十分不利的。

小提示

夏季可将空调设置为制冷或除湿模式，温度设定在 28℃左右为宜。笼子不可对着空调的出风口摆放。

●如何抚摸兔兔？

兔兔虽然胆子有点小，容易害怕，但适当的按摩和互动不仅可以增加兔兔的愉悦感和对家长的信赖，家长也可以从这段友好的人宠关系中获得精神疗愈。

抚摸兔兔时，一定要在兔兔的可视范围内慢慢接近，轻轻抚摸。最好不要从兔兔头部的后上方接近，兔兔可能会因此受惊，这样也会给兔兔造成“如临大敌”的压迫感。当兔兔没有充分信赖、熟悉家长时，家长应避免使手出现在兔兔的视觉盲区内（如下巴处），否则可能会被误咬。

● 兔兔哪里可以摸？

额头：★很喜欢

兔兔最喜欢被轻轻抚摸额头了！可以用一根手指来回轻抚。

耳朵：◎还可以

兔兔的耳朵上有大量的血管，是非常敏感的部位。可以轻轻抚摸兔兔耳朵后侧，千万不要拉、拽、揪兔兔的耳朵！

脸颊：◎还可以

可以在给兔兔做“头部按摩”时，顺势摸摸脸颊，用指尖轻戳或轻揉，兔兔会很享受这个过程。

下巴：◎还可以

下巴属于兔兔的视觉盲区，和兔兔熟悉后可以轻揉。有时候兔兔也会用下巴轻轻地蹭家长、物品，这是兔兔在留下自己的气味。

胸部 / 腹部：✗ 不喜欢

兔兔的胸部和腹部没有骨头支撑，很脆弱，不可以用力压迫。

背部：◎还可以

可以用手轻轻地顺着兔兔的背部抚摸。

尾巴：◎还可以

获得兔兔的信任后可以轻轻地摸尾巴，或用手指轻轻地转尾巴，但不能用力拉扯。

屁股：✗ 不喜欢

兔兔不喜欢被摸屁股。

脚部：✗ 不喜欢

兔兔不喜欢被摸脚，如果偷摸，兔兔可能会受惊。

如何正确地抱兔兔?

抱兔兔的方式看似很多，但核心的诀窍在于“托住兔兔的臀部”，即兔兔的臀部和脚要稳定。采用正确的方式抱兔兔可以让兔兔感到安全和放心，同时也可以避免自身受到不必要的伤害。以下是抱兔兔的步骤。

想让兔兔感到舒适和放松，就不能突然抓住它，这可能会让它感到惊恐和不安。可以用一只手轻轻地握住兔兔的背部，另一只手慢慢地托住它的脚底，最后将兔兔抱起来。如果兔兔不太安静，可以用一块毛巾或毯子包裹住它的身体，避免它挣扎和逃脱。

此外，在抱兔兔的过程中注意不要让它的头部和后腿悬空；也不要把兔兔抱得太紧，以免影响它的呼吸和身体的自然弯曲。

接下来演示几种抱兔兔的方式。

怀抱式

适用场景：短时间转移兔兔、长时间怀抱兔兔、亲密互动、检查身体。

一只手轻轻托住兔兔的腹部，
另一只手托住兔兔的臀部，
将兔兔轻轻抱起来。

◆ 用小臂托住兔兔的腿和臀部，使其紧紧地贴住我们的身体，另一只手可轻轻抚摸兔兔的额头。

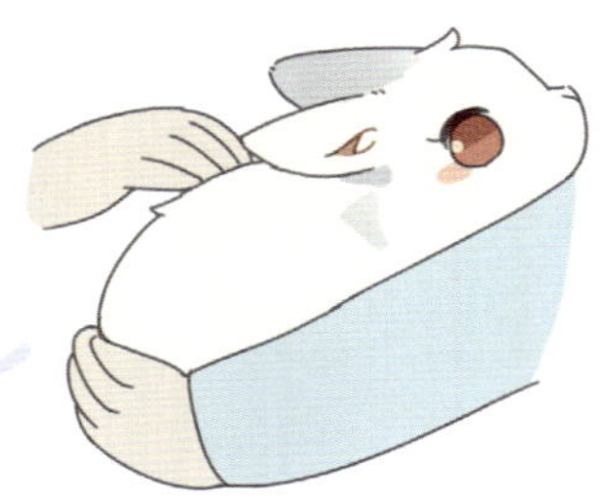

◆ 一只手支撑兔兔的臀部，另一只手扶着兔兔紧贴着我们的身体竖抱，就像怀抱着一个小朋友。

坐腿式

适用场景：日常互动、检查身体。

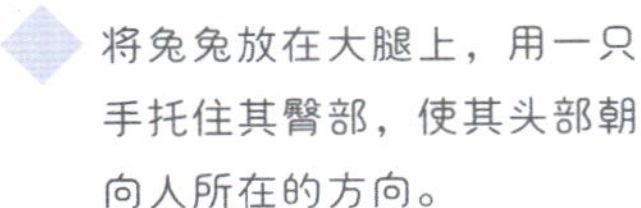

◆ 将兔兔放在大腿上，用一只手托住其臀部，使其头部朝向人所在的方向。

仰躺式

适用场景：日常互动、检查身体。

一只手支撑兔兔的臀部，另一只手扶着兔兔背部紧贴着上半身竖抱，接着慢慢向前俯身将兔兔放在腿上，使其呈现出仰躺的姿态。

让兔兔的背部靠在手臂上，用一只手托住兔兔的臀部和脚，另一只手扶着兔兔前肢下方，使兔兔呈现出仰躺的姿态。

兔兔的情绪

快乐的表现

兔子舞

兔兔会跳跃，这是它们表达快乐的一种方式。兔兔还会在空中做出各种动作，例如将四肢伸直、旋转身体，这种行为被称为“binky”。

快速穿梭飞跃

当兔兔在玩耍或感到兴奋时，它们会做出快速穿梭飞跃的行为，就像是在“蹦迪”。这是一种活跃、快乐、精力旺盛的表现，被称为“zooming”。

摇耳朵

兔兔可能会摇耳朵，或用后脚挠耳朵或身体。这通常表示它们在清理自己或者感到舒适、放松，也表示它们感到心情愉悦。

摆尾巴

如果兔兔轻柔、缓慢地摆尾巴，则是它们在表达满足和幸福，有时还会伴有轻轻的磨牙声，非常可爱！当兔兔产生好奇心或对周围环境充满兴趣时，它们也会摆尾巴，这是一种探索和观察的方式。

轻轻磨牙

兔兔轻轻磨牙通常是一种表示放松和舒适的信号。当兔兔感到安全、满足和放松时，它们会开始磨牙。当兔兔在得到温馨的拥抱或享受美食时，也可能会发出轻轻的咀嚼声或磨牙声，有人认为这与猫在感到愉悦时发出“呼噜声”的情况类似。

好奇地探索

勇敢地探索周围的环境是兔子快乐时才会有的状态哦！

腾空躺下

兔兔腾空躺下是指兔兔在跳跃或奔跑过程中，突然跃起并以向后倒的方式着地躺下，第一次看到这种情况的家长可能会感到非常奇怪和吓人，以为兔兔生病了，但其实这是兔兔非常放松和满足的表现。如果兔兔频繁地做出这种行为并伴有其他不寻常的行为，可能是一种行为异常，家长需要带兔兔到兽医处检查。

放松的表现

“母鸡蹲”

母鸡蹲是指兔兔在坐着时，将后腿向两侧伸展并弯曲，整体就像一只蹲坐的小母鸡（也有人觉得像一块小面包）。此时，兔兔眼睛眯起，可能还会打瞌睡。这种姿势通常出现在兔兔感到安全和放松时。

“板鸭趴”

兔兔四肢张开，趴在地上，就像一只小板鸭，故这种姿势被称为板鸭趴。这是一种放松和休息的姿势，也被称为“兔兔躺平”。（通常来说，兔兔是不会像鸭子那样趴在地上的。）

“兔兔贵妃卧”

兔兔伸出前、后腿，将身体向一侧倾斜，背部稍微弯曲，四肢放松，脑袋和耳朵向一侧靠近，显得非常慵懒。这种姿势也被称为“兔兔半躺姿势”，表现出兔兔放松和安逸的状态。

侧躺

侧躺是指兔兔侧身躺在地上或床上，将身体侧向一边，同时将前腿和后腿弯曲，这是兔兔放松和休息时常用的姿势。这种姿势可以让兔兔的肌肉松弛，减轻压力和疲劳感。在野外，侧躺还可以帮助兔兔减小自己的体积，便于更好地观察周围环境并保持警觉，以便及时躲避威胁。

“啪”地躺下

兔兔突然跳起侧躺，伴随“啪”的一声并开始呼呼大睡，非常呆萌。没有经验的家长第一次见到这种场景，会误以为兔兔生病“暴毙”。实际上，这是兔兔非常信任家长、感到环境安全时才会有的行为。

洗脸顺毛

兔兔感到安全和放松时，会采取这种行为来清理自己的身体，同时表达自己的舒适感和幸福感。

小知识——“兔兔贵妃卧”说法的来源

这里的贵妃主要指唐朝时期的杨玉环，相传杨贵妃平日喜欢采用半躺的姿势，以展现她的婉约美态和柔情万种的形象，这种姿势被称为“贵妃卧”。兔兔在放松状态下的半躺姿态与其十分相似，故有了“兔兔贵妃卧”。

不满的表现

发出“噗噗”“吱吱”“咕咕”声

发出这样的声音表示兔兔生气喽！兔兔可能在告诉你不要碰它们！

用力跺脚

兔兔用力跺脚通常是一种警告行为，即向周围发出声响以表达不满或不安。繁殖季节中，兔兔也可能用力跺脚来吸引异性注意。频繁跺脚可能表明兔兔紧张、不安或受威胁，家长需检查周围环境并采取必要措施保护兔兔的安全。

推开你的手

兔兔推开家长的手可能是因为它们不想被摸、抱或觉得家长的动作过于粗鲁，令它们感到不舒服；也有可能是因为兔兔正在进行自己的活动，不希望被打扰。

摔碗

这种行为通常表明它们感到了不满或者不安，兔兔可能对饮食、水源或者居住环境不满意，或者是其他动物的存在让它们感到紧张和不安。兔兔还可能出于好奇心而摔碗，用这种方式来探索和测试物品的反应。此外，有的兔兔在发情期也会摔碗，这可能是它们在发情期表达自己的情绪和需求的一种方式，还可能是它们用于表达自己的繁殖欲望和吸引异性注意的行为。

突然扑过来

如果兔兔受到了惊吓或认为领地被侵犯，它们也有可能会突然扑过来进行防卫，这是一种攻击的姿态。此外，玩耍时兔兔也可能会突然扑过来。

害怕或警惕的表现

如果兔兔有下述任何一种表现，可能表明它们感到害怕。在这种情况下，你应该给予它们足够的安全感，减少周围环境里带有的威胁因素。这样它们会逐渐感到安全和舒适，并且能够更好地适应周围的环境。

躲藏

兔兔会找一个安全的地方躲起来，例如它们的笼子、小屋或是一些隐蔽的角落。

发抖

兔兔可能会全身发抖，尤其是在它们身体周围有令它们感到不安全的动物时。

呼吸加速

兔兔心跳加快、呼吸加速，这是因为它们感到害怕或惊恐。

眼部充血

兔兔的眼睛可能会充血，并且瞳孔会放大。

飞奔

兔兔可能会飞奔，以逃离危险、不安的环境。

咬人

感到极度害怕或受到威胁时，兔兔可能会咬人！

尖叫

在极度恐惧、受到惊吓时，兔兔可能会发出尖叫。

需要注意的是，兔兔在警惕时可能会变得更加敏感和易激动，此时家长需要保持周围环境的安静，避免产生过多的噪声或其他干扰。此外，如果兔兔在警惕的状态下持续不断地表现出上述行为，家长需要检查周围环境中是否存在潜在的威胁，以确保兔兔的安全。

耳朵竖起来

兔兔的耳朵非常灵敏，它们在警惕时会迅速竖起耳朵，以便更好地听周围的声音，感知潜在的危险。

注视周围的环境

兔兔在警惕时，通常会注视周围的环境，以感知潜在的危险或威胁。

挺直身体

挺直身体可以使兔兔更好地感知周围环境的变化和潜在的危险。

难受的表现

如果兔兔呈现下面任何一种状态，那么它们可能感到不舒服或生病了。在这种情况下最好立即采取措施，及早发现和治疗可以提高兔兔的康复率，并防止病情恶化。

躲进角落或窝里

当兔兔感到不舒服时，它们可能会选择躲进角落或窝里，以寻求安全感和安慰。

精神萎靡

兔兔看起来无精打采，活动量变少。

母鸡蹲

兔兔放松时会母鸡蹲，身体不舒服时也可能会母鸡蹲，这时候要综合考虑其他情况。

尖叫

兔兔感到身体疼痛时也可能会发出尖叫。

大声磨牙

在没进食的情况下轻轻磨牙是兔兔感到极度愉悦和放松时的表现；但如果兔兔突然大声磨牙，并且不是在放松的情况下，这可能表示它们感到疼痛或不适。

呼吸急促或困难 / 皱眉

兔兔感到身体疼痛时可能会变得呼吸急促或困难，并表现出相应的面部表情，如皱眉等。

饮食改变

兔兔感到身体不适时可能会出现食欲降低或者不想吃东西的情况。

排泄行为异常

当兔兔感到身体不适时，它们的排泄行为可能会发生变化，如大便不正常或者尿频。

用鼻子顶你

这是一种友善的行为，兔兔用鼻子顶家长可能是在闻家长的气味或尝试与家长交流，以建立亲密的联系。它们也可能是在表达自己的需求，例如请求喂食或想和你亲近。此外，它们也可能是在展示自己的支配地位，尤其是在多只兔子同处一室的情况下。

轻轻咬或拍打家长的手

当兔兔想要引起注意或请求喂食时，它们可能会轻轻地咬或拍打家长的手。

靠近笼子“挤脸”

兔兔把脸卡在栏杆中，使劲“挤脸”的样子真的很萌！此时它们可能是在求交流、求互动、求投喂。

挠门、咬笼子

当兔兔需要出门或希望得到家长的关注时，它们可能会挠门或咬笼子。

用头或身体蹭家长

当兔兔需要关注或请求互动时，它们可能会用头或身体蹭家长以吸引家长的注意。

舔

兔兔舔舐家长或者其他兔兔是一种表示友善、信任和亲密的行为，也表明兔兔感到舒适和开心。如果被兔兔舔了，那么恭喜你，它们真的很爱你（也可能是在求投喂哦）！

用下巴蹭

兔兔的下巴会分泌出一种带有特殊气味的物质，当它们用下巴蹭家长时，实际上是在把自己的气味留在家长身上，以表达它们的归属感和亲密感。这通常也是一种表达亲昵、爱的方式。

轻咬

兔兔可能会轻轻地咬你，但这并不具有攻击性。轻咬通常是表达友好和亲密的方式，意味着它们与你建立了信任关系。

和你玩耍、互动，围着你转圈

这也能表达出兔兔对家长的好奇、喜爱与亲近。

本能行为

挖洞

野生的兔兔会挖洞，以躲避天敌和寻找食物。即使是在室内饲养的兔兔，也会有挖洞的本能行为。

追赶其他兔兔

如果是彼此熟悉的兔兔在互相追逐，可能是兔兔之间出现了分歧，或者是其中一只感到被冒犯。一般在这种情况下，它们在追逐后还是会和好如初。如果是刚见面的兔兔互相追逐，可能是其中一只在宣告地位，如果其他兔兔接受被追逐，可能表明它们接受自己处于较低的地位。

喷尿

这主要由雄性兔兔表现出来。喷尿通常发生在发情期，是它们标记自己的领地，或者通过释放出一种特殊的气味吸引异性的注意，并展示自己的繁殖能力和魅力的方式。

围着异性转圈

在繁殖季节，兔兔会围着异性转圈，这是一种求爱的行为。

互相骑乘

兔兔 A 会跳到兔兔 B 的背上，用前脚抱住兔兔 B 的腰部，同时开始用后腿蹬。这种行为大致可以分为 3 种情况。

◆ **发情期的异性兔兔互相骑乘**——这通常是一种繁殖行为，也是雄性兔兔向雌性兔兔展示自己繁育能力的方式。

◆ **幼兔互相骑乘**——这通常是一种社交行为。幼兔在互相骑乘的过程中会用嘴巴或爪子轻轻咬住对方的耳朵或脖子，这是幼兔之间建立信任和情感关系的一种方式。

◆ **同性兔兔互相骑乘**——这通常是一种控制行为，尤其容易出现在两只未被绝育的雄性兔兔之间。这种行为可能会在争夺资源或者表达支配关系时发生。通常情况下，其中一只兔兔会成为支配者，而另一只则处于被支配的地位。

共同生活中的常见问题及应对方法

和兔兔共同生活是一种非常有趣和充实的体验，但同时也可能面临一些挑战。如果想与兔子建立良好的关系并让它们健康快乐地生活，了解并解决常见的问题非常重要。本节就来和大家一起探讨一下，和兔兔共同生活时的常见问题及应对方法。

● 如何让兔兔知道并记住自己的名字？

训练兔兔知道自己的名字前需要先给兔兔起名字，兔兔的名字应具有独特性、易于发音、便于记忆、简单明了。家长也可以结合兔兔的长相特征、性格特点起名字，如火火、蹦蹦、胖虎……取好名字后就可以通过反复重复、正面激励、与名字联系和避免负面情绪等方法帮助兔兔更容易地知道并记住自己的名字。

反复重复

在摸兔兔、给零食时重复呼唤它们的名字，可以让兔兔记住自己的名字，变得更加亲近你。

正面激励

当兔兔听到自己的名字并做出反应时，要立刻夸奖它并给它零食作为奖励，这样兔兔会更愿意听到自己的名字。

与名字联系

每次喂食、玩耍时可以先呼唤兔兔的名字，再进行喂食和玩耍，这能让它们将自己的名字与一些日常活动联系起来，慢慢地记住自己的名字，并且更加乐意回应你。

避免负面情绪

要用温柔的方式让兔兔知道并记住自己的名字！在训斥、惩罚时尽量不要呼喊兔兔的名字，这可能会让兔兔对自己的名字产生负面情绪。

● 兔兔对家人喷洒小便？

有时候，我们会发现兔兔对家人喷洒小便。可能导致这一行为的原因包括：与其他宠物或家庭成员竞争、感到压力和不安等。我们可以给兔兔提供单独的空间和资源，如独立的笼子和食盆，让它们感到更加舒适和安全。此外，如果怀疑兔兔的健康有问题，一定要及时咨询兽医。

另外，要给兔兔提供安静稳定的环境，陪伴它们，让它们感到安心和放松。最后，要训练兔兔使用固定的厕所，并及时清理排泄物，让它们养成良好的习惯。所以，要想解决上述问题，我们需要找准问题的原因，并采取相应的措施。

● 兔兔出现咬人的行为，全家都被咬了怎么办？

兔兔一般不会咬人，但如果家中的兔兔出现咬人行为，可能是因为它们感到不安或者受到惊吓。如果全家都被咬了，可能是因为兔兔感到非常害怕或者生气！一旦兔兔出现这种行为，家长一定要冷静应对，避免吓到兔兔，例如不要突然接近它们、制造很大的噪声等。

家长可以通过适当关注、抚摸等方式和兔兔建立信任关系，让它们感到放心和舒适。同时，可以给兔兔提供一个安全的空间进行躲避和休息。如果这些方法都无法解决问题，可以寻求专业人士的帮助。在处理咬人问题时一定不要惩罚兔兔，这样会加重它们的不安和压力，反而会让问题变得更加严重。

● 绝育后，兔兔不理人、变凶了怎么办？

绝育手术对兔兔来说是一项比较大的手术，可能会导致它们感到不舒服或不安全，甚至变得凶猛。如果兔兔出现了这种情况，可以给它们提供一个温暖和安全的环境，并给予它们充足的休息时间。在恢复期间，应该尽量减少兔兔的运动量，缓慢引导它们逐渐与我们重新建立联系。

尤其要注意的是，恢复期间不要过度触碰和打扰兔兔，更不要惩罚、呵斥它们，这样会加剧兔兔的不安和不适。兔兔是非常可爱和聪明的生物，只要我们给予它们足够的关注和爱，它们一定会变得更加亲人和乖巧。

● 兔兔用身体撞击笼子是什么意思？

兔兔一直用身体撞击笼子可能表明它们需要更多的自由、更大的活动空间、家长的关注，或者有其他需求。家长可以尝试给它们放风，让它们在更大的空间内自由活动；给它们足够的关注，通过一些玩具和游戏与它们进行趣味互动。此外，还要保持笼子的干燥和清洁，提供充足的饮用水和食物，让它们感到舒适和安全。记住，爱护你的可爱兔兔是最重要的。

● 兔兔发情的表现和时长

兔兔在接近成年时总坐立不安，容易躁动，那么兔兔可能“想要恋爱”了。雌性兔兔和雄性兔兔在发情时的表现略有不同，而兔兔的发情频率、每次发情时长也有个体差异。一般来说，雌性兔兔每次发情的持续时间通常为 3~14 天不等，而雄性兔兔全年都处在发情期。

雌性兔兔在发情时通常会更加活泼，它们可能会在自己的周围嗅探，在地上留下自己的尿液。雌性兔兔可能会频繁摆动尾巴、在地上打滚，表现出兴奋或激动。有的雌性兔兔则会变得更加亲近主人，更喜欢被人抚摸和怀抱，发出类似“咕噜噜”的声音。

雄性兔兔发情时通常会更加好斗，和其他雄性兔兔打架以争夺领地。雄性兔兔尿量可能会增加，并且在自己的周围小便，甚至会将尿液蹭到自己的毛发上。

兔兔在发情期排出的尿液和粪便可能会散发一些异味，这种异味通常是由激素水平变化导致的。

● 兔兔讨厌被抱，难以亲近怎么办？

首先对照本书中介绍的抱兔兔的正确方法检查自己的动作是否有误。确认无误后，如果有些兔子仍然不太喜欢被抱，这也是很正常的。因为兔子是一种食草动物，不喜欢被比自己大的动物接触是它们的天性，被抱起来可能会让它们感到不安。在这种情况下，想要和兔兔建立信任与亲近的关系就需要足够的耐心、持续的互动和长久的陪伴。兔兔能有什么坏心思呢？

对于兔兔叫声的解读

兔兔叫声的类型和意义多种多样，通常可以根据音调、频率和持续时间的长短来进行解读。以下是一些常见的兔兔叫声和它们叫声可能的含义。

咕噜声

这表示兔兔感到放松、舒适，也会被解读为一种亲昵、友好的表现。

尖叫声、嘟嘟声

这通常是一种呼救的信号，可能是兔兔在受到惊吓、感到恐慌或者疼痛时发出的。

嘶哑声

这可能表示兔兔感到不适或者疼痛，需要帮助或照顾。

咬牙切齿声

这种叫声通常是兔兔在感到愤怒、紧张或者焦虑时发出的。发出咬牙切齿声通常是一种自我安慰的方式，有时也可能是一种防御性的表现。

● 兔兔会睁着眼睛睡觉吗？

是的，兔兔会睁着眼睛睡觉，这是一种相当特殊的睡眠方式，被称为“快速眼动睡眠”。这种睡眠方式通常发生在白天，可以使兔子时刻保持警觉、更好地感知周围的环境，以便在周围有危险时及时逃跑。

● 兔兔会说梦话吗？

目前没有证据表明兔兔会说梦话，但是兔兔在睡觉时可能会发出磨牙声，或做出一些类似咀嚼的动作等，有一部分人认为这是兔兔“做梦了”。

● 兔兔的脚底为什么是黄色的?

兔兔的脚底是黄色的，可能是被生活环境中的污垢弄脏了，家长可以考虑采用以下方法进行清理。

使用温水清洗脚底；使用专用的洗剂清理后用毛巾擦干；用湿巾擦拭兔兔的脚底；清理兔兔的生活区，保持脚底接触面的清洁、干燥。

因为兔兔会周期性地换毛，并且往往单独饲养，所以过段时间兔兔的脚底会越来越干净的。

● 夏天如何给兔兔修剪毛发?

夏天气温较高，兔兔很容易中暑。因此很多家长可能会选择为兔子修剪毛发，以帮助兔子散热。但是我们要注意，兔兔的毛发可以帮助它们保持身体的温度和湿度，防止身体过热或过冷，因此不建议对兔兔的毛发进行大量修剪。如果必须进行修剪，我们要选择在阴凉处进行，避免兔兔在阳光下被晒伤。因为兔兔的皮肤很敏感、脆弱，修剪毛发的时候也要注意手法。

此外，修剪兔兔的毛发会影响毛发再生，导致毛发不均匀、稀疏、变色等。如果想要给兔兔降温并且保证兔兔的身体健康和毛发均匀生长，可以开空调或者搭建冰屋，让兔兔在凉爽舒适的环境中度过夏天。

● 一接近就躲到笼子最里面

出现这种情况可能是兔兔对家长还没有建立足够的信任和安全感。要与兔兔建立信任和亲密关系，需要耐心和时间。家长只要提供足够的关注和关心，让兔兔感受到你的温暖和爱，就可以逐渐与兔兔建立更深层次的联系。

● 同性别的兔兔可以养在一个笼子里吗?

可以将同性别的兔兔养在一起，但是需要确定它们彼此友好，并且各自有足够的空间和资源。如果它们不认识彼此或之前没有共同生活的经历，则需要慢慢地引导它们逐渐接触并熟悉彼此。

将多只雄性兔兔放在一个笼子里面可能会存在一些问题。在没有绝育的情况下，雄性兔子之间可能会发生争斗（争夺地盘和配偶），这可能会导致兔兔受到严重的伤害，甚至死亡。

● 雄性兔兔和雌性兔兔绝育后，可以养在一个笼子里吗？

即使兔兔绝育了，将异性兔子养在同一个笼子里依然可能导致它们发生繁育行为。而且即使没有繁育行为，异性兔子在性格、习惯上也有很大的不同。所以有时它们之间会因为竞争、压迫等而争斗，这可是很危险的！

另外，家长可以让它们在同一区域内自由行动、共同玩耍，但是需要时刻观察它们，以确保它们和平相处。如有激烈的争斗行为，则需要将它们尽快分离。

第4章

如何喂养兔兔

“家长必须了解
兔兔的日常饮食。”

科学的饮食结构

在养育可爱的兔兔时，许多家长可能会因为传统观念、网络谣言、单纯的不了解而陷入一些喂养误区。比如过度喂胡萝卜、喂含糖零食、以兔粮为主食、不喂兔粮只喂牧草等。这可能对兔兔的健康产生严重影响，导致兔兔营养失衡、肥胖、消化不良等，甚至死亡。

为了更好地呵护我们毛茸茸的小宝贝，我们一定要了解兔兔的饮食结构、食物种类、喂养次数等，让它们健康、茁壮、快乐地成长。

为了保证兔兔的健康，我们需要为它们提供均衡的营养。兔兔的饮食应包括以下几个方面。

牧草

牧草是兔兔饮食中最重要的组成部分。提摩西草可以帮助兔兔磨牙、促进肠道蠕动，兔兔爱吃多少就给多少，可以大量供给。

兔粮

兔粮往往是兔兔的主要营养来源，如果兔兔只吃提摩西草不吃兔粮，可能会因为营养摄入不足而发育不良、低血糖，甚至死亡。

蔬菜和水果

兔兔可以适量摄入新鲜的蔬菜，如菠菜、芹菜和甘蓝等。水果可以作为偶尔吃的零食，如苹果、梨和香蕉等，要注意控制摄入量，防止兔兔摄入过多的糖分。

饮用水

充足的水分对兔兔保持健康至关重要，请确保兔兔每天都有足够的清洁饮用水。建议使用不锈钢或陶瓷的水碗，并每天更换饮用水、清洗水碗，以防止细菌滋生。

零食

零食可以给兔兔带来乐趣，也有助于增进家长与兔兔之间的感情。然而零食应适量提供，同时确保选择对兔兔健康有益的种类：如果干、蔬菜干、低脂无盐的饼干、兔兔专用的磨牙棒等。

其他

其他食品、营养品，如乳酸菌、生命绿糊、帮你壮、草粉等根据兔兔的情况适量使用；药品如黄水、绿水、止泻药、驱虫药等请在兽医或其他专业人士的指导下使用。

不同年龄段兔兔的饮食方案

对于不同年龄段的兔兔，需要特别关注的饮食重点也会有所不同。这里列举了一些不同年龄段的兔兔在饮食方面的注意事项。

离乳后的幼兔（约 1 个月 ~6 个月）

兔兔在这个阶段正处于快速发育成长的过程，需要较多的蛋白质、钙等营养元素。对于幼兔来说，喂食优质的兔粮、充足的牧草至关重要。网上对于幼兔的喂食方法众说纷纭，以下介绍两种常见的方法。

方法一：幼兔粮 + 提摩西草

◆ 幼兔粮：每日给予幼兔体重 5%~10%（此数据为经验值）的幼兔粮。幼兔粮宜分早晚两次给予，早上给予当天总量的 1/3，晚上给予剩余的 2/3。此外在控制当日摄入总量的情况下，少量多次给予也是可以的。注意避免兔兔一次性摄入过多幼兔粮，否则可能会导致营养过剩或消化不良等问题。

◆ 提摩西草：给予不限量提摩西草，建议选择更加细软的提摩西草喂食幼兔，爱吃草的兔兔往往更健康哟！

方法二：幼兔粮 + 提摩西草 + 苜蓿

◆ 兔粮 + 苜蓿：与方法一类似，幼兔粮的每日给予量为幼兔体重的 3%~5%，额外配一小把苜蓿。

◆ 提摩西草：同上，不限量给予。

由于幼兔粮的主要成分往往为苜蓿，因此在方法一中，在幼兔粮给够的情况下可不用额外提供苜蓿，以避免因营养过剩导致的软便、尿液钙化、上火等；方法二为同时喂幼兔粮和苜蓿，旨在给在发育期间的兔兔提供更丰富的营养。

此外，针对 3 个月大前的幼兔，不建议喂食蔬菜、水果。以上两种方法仅供参考，具体喂法和喂量因个体差异而异，请大家根据实际情况选择适合自家兔兔的喂养方法。

成年兔（6 个月 ~8 岁）

兔兔在 6 个月后成年，家长一般可在兔兔 5 个月大时开始从喂幼兔粮过渡到喂成兔粮，并逐渐减少兔粮的比例（最终控制在兔兔体重的 1.5%~3%）。兔兔在 1~5 岁时最易变得肥胖，这个阶段的食物应以牧草为主，并注意不要过量喂蔬菜泥和水果，以避免兔兔过度肥胖。

老年兔（8 岁以上）

老年兔的身体机能开始下降，咀嚼力和消化能力也大不如前。这个阶段应选择喂易消化的牧草，例如细软的二番提摩西草，还可以适当增加湿软食物，如蔬菜泥，以减轻老年兔的消化负担。应更加关注这个阶段饮食的营养均衡，以便老年兔保持稳定的体重。此外，根据老年兔的身体状况，可能需要额外为其补充维生素和矿物质。

兔兔的主食

● 牧草

牧草是兔兔饮食中最重要的组成部分，应占据兔兔日常饮食量的70%~80%。兔兔食用的牧草主要为禾本科、豆科。其中，禾本科牧草中的纤维素有助于促进兔兔消化道的蠕动，还具有预防消化不良和毛球症、帮助磨牙等功效。

提摩西草

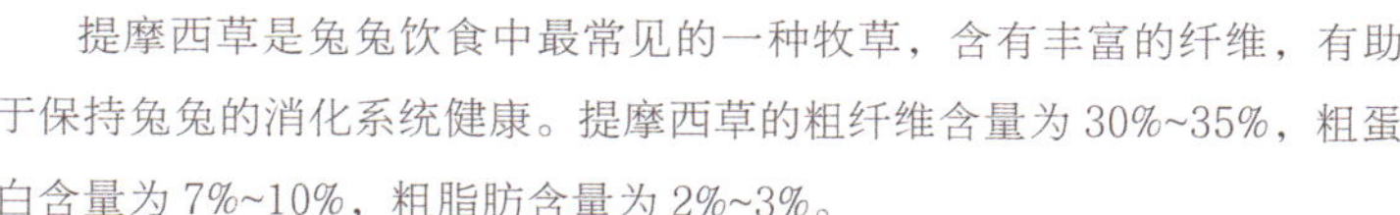

提摩西草是兔兔饮食中最常见的一种牧草，含有丰富的纤维，有助于保持兔兔的消化系统健康。提摩西草的粗纤维含量为30%~35%，粗蛋白含量为7%~10%，粗脂肪含量为2%~3%。

兔兔爱吃多少给多少，可以不限量供给。

苜蓿草

苜蓿草含有较多的蛋白质、钙和丰富的粗纤维，通常作为幼兔、孕兔和哺乳期兔的食物。其粗纤维含量为25%~30%，粗蛋白含量为15%~20%，粗脂肪含量为2%~3%，钙含量为1.2%~1.5%。对于成年兔，可以适当控制苜蓿草的喂食量，以免其摄入过多的钙。

燕麦草

燕麦草含有适量的粗纤维和蛋白质，适合兔兔食用。燕麦草的粗纤维含量为30%~35%，粗蛋白含量为9%~12%，粗脂肪含量为2%~3%。成熟的燕麦草的粗纤维含量更高，其更利于兔兔消化。燕麦草的口味偏甜，所以对于不爱吃提摩西草的兔兔来说，可选择用黄金澳麦草替代。

小知识——提摩西草越绿越好，黄金澳麦草越黄越好吗？

这是个认知误区，选择牧草应以其营养成分含量为标准，而不是单纯以颜色来判断。

兔粮

在兔兔的饮食中，除了美味的牧草，还有它们的“一生挚爱”——兔粮，几乎没有兔兔可以拒绝兔粮的吸引。合适的兔粮可以为兔兔提供充足的营养。但需要注意的是，兔粮的摄入量不宜过大，以免导致兔兔肥胖（幼兔每日摄入量不宜超过其体重的 10%，成年兔每日摄入量一般为体重的 1.5%~3%）。

兔粮应当含有丰富的纤维、适量的蛋白质、足够的维生素和矿物质。高质量的兔粮通常含有以下营养成分：25%~30% 的粗纤维、12%~16% 的粗蛋白、2%~3% 的粗脂肪、0.6%~1.0% 的钙，0.3%~0.6% 的磷。不同品牌、适用于不同年龄段的兔粮的营养成分可能略有不同。

挑选兔粮时，可以将下面几点作为判断依据。

◆ 适合的年龄段：幼兔粮、成兔粮、老年兔粮等。

◆ 原料与营养成分：可以参考前文给出的标准，并考虑是否使用诱导剂、防腐剂、色素等。比如在成分构成上，可参考这组来自知兔有家的成兔兔粮数据：粗纤维含量，宜在20%~26%；粗脂肪含量不超过3%；蛋白质含量一般不超过14%，长毛兔不超过16%；淀粉含量越低越好，最高不超过10%；钙含量低于1%；粗纤维淀粉比例最少是3 ：1；配料表前5位草或蔬菜越多越好，最好无色素添加……

大家一般会选择购买口碑较好的进口兔粮，随着兔兔在国内的流行，也有一些优秀的国产兔粮可以选择。

◆ 软硬程度：一般更硬的兔粮有利于磨牙；对于食欲低下、牙口不好的兔兔（幼兔、老年兔），可选择较软的兔粮。

◆ 适口性：简单来说，就是兔兔的爱吃程度，有个体差异。

◆ 粉尘含量：在食用粉尘多的兔粮时，粉尘可能进入兔兔的鼻腔，导致兔兔打喷嚏，影响呼吸道的健康；为了避免粉尘对兔兔的影响，也有家长会将购买的兔粮“过筛”后再给予兔兔。

◆ 膨化粮还是压缩粮：膨化粮适口性更高、杀菌彻底、蛋白质吸收率高，但其淀粉含量较高、粉尘往往偏多，兔兔吃多了容易胀气；压缩粮口感偏硬，适口性一般，但其营养流失少，淀粉含量较低、粉尘较少。

◆ 兔粮功效：有的兔粮有美毛、化毛、减肥等功效，可根据实际需求进行选择。

◆ 生产日期与有效期：注意要在保质期内，且越新鲜越好，避免过度囤粮导致兔粮过期。

◆ 价格：根据自身经济情况，在能力范围内选择尽可能好的兔粮。

小知识——什么是“渣粮”？

优质兔粮的营养成分如前文所述，而“渣粮”之所以不好，是因为其含有大量淀粉、混合谷物等。对兔兔来说，长期食用高淀粉食物会损害肠胃功能、引发脏器等的慢性病等。有的兔粮号称可以“预防球虫”，但这往往是骗人的。

兔兔可不可以吃水果和蔬菜？

新鲜蔬菜可为兔兔提供丰富的维生素和矿物质，如芹菜、香菜（芫荽）、莴苣、番薯叶等，适量喂食新鲜蔬菜有助于兔兔维持健康。不过要注意避免喂食湿的蔬菜，洗干净的蔬菜要沥干后再喂食，以防兔兔消化不良。

喂食蔬菜和水果时要注意量不宜过多，尤其是水果，因为它们含有较高的糖分，过量摄入可能会导致肥胖、肠道菌群失衡等问题。在喂食蔬菜和水果时务必注意选择兔兔可以安全食用的品种，避免喂食对兔兔有害的品种。

兔兔能吃的蔬果清单

水果

苹果（去核）、桃子（去核）、香蕉（去皮）、蓝莓、草莓、黑莓、梨（去籽）、菠萝、橙子（去皮、去籽）等。

蔬菜

茼蒿、莴苣、芹菜、菠菜、香菜、白菜、甘蓝、胡萝卜、西蓝花、番薯叶等。

喂食这些蔬果时一定要注意控制兔兔的摄入量。如菠菜和甜菜中含有较高的草酸，过量摄入可能导致泌尿系统结石；过量摄入胡萝卜可能导致神经性问题。

兔兔不能吃的食物清单

◈ 葱类：如洋葱、大葱等，葱类含有会破坏红细胞的成分，可能导致兔兔贫血，出现乏力、食欲不振等症状。

◈ 蒜、韭菜：与洋葱类似。

◈ 土豆：含有茄碱，可能引起兔兔中毒，症状包括腹泻、呼吸急促、乏力等；此外土豆富含碳水化合物，这也会伤害兔兔的肠胃。

◈ 玉米、生黄豆：不易消化，可能导致兔兔肠道堵塞。

◈ 辣椒：辛辣食物会刺激兔兔的肠胃，可能导致消化不良、腹泻等问题。

◈ 牛油果：对兔兔来说是一种有毒的食物，可能引起兔兔的心脏问题，甚至导致兔兔死亡。

◈ 果核：杏、樱桃、桃、李子等的果核中含有氢氰酸，对兔兔有毒。

◈ 葡萄和葡萄干：可能导致兔兔肾功能衰竭，表现为尿量减少、食欲不振、乏力等症状。

◈ 大部分人类食物：巧克力、咖啡、茶叶中含有咖啡碱和可可碱，对兔兔有毒；酒精、饼干等都不适合兔兔食用。

因为蔬果的口感很好，所以兔兔往往会表现出很爱吃的样子，但家长不要因为兔兔吃蔬果的样子可爱就无限制地给予。总之，保持兔兔的饮食结构简单（牧草 + 兔粮），对它们的健康更有益。

小提示——喂食蔬果的准备

用清水充分洗净后，应沥干蔬果表面的水分再喂食；对于较大块的蔬果，可切成小块喂食。喂食水果一定要加以控制，一般给予指甲盖大小的量。

兔兔的零食

零食可以作为兔兔生活中的“小确幸”，但零食普遍热量较高，过多摄入可能导致营养不均衡、肥胖、偏食、挑食。所以零食一般仅用于互动、调教。零食的摄入量应控制在兔兔日常饮食量的5%以内，不吃零食对于兔兔来说也完全无害。此外，建议在兔兔长到三四个月大后，再适量投喂零食。

零食种类

◆蔬果干：如苹果干、胡萝卜干等，这些零食可以帮助兔兔磨牙，但要确保其中未添加糖分和防腐剂。

◆ 草料球：一种由干草压制成的球形零食，有助于磨牙，同时可以满足兔兔啃咬的需求。

◆ 草料棒：由干草、草料籽等天然材料制成，用以提供额外的纤维和营养。

◆水果、蔬菜：可以适当喂食新鲜水果和蔬菜作为零食，但要注意控制分量，避免导致兔兔肠胃不适。

零食投喂注意事项

◈ 分量适宜：零食仅作为对兔兔的奖励和补充，不要过量投喂，以免影响兔兔对主食的摄入。

◈ 投喂时间：零食可在兔兔活跃的时段投喂，以增强兔兔的活力。

◈ 变化多样：可以适当调整零食种类，丰富兔兔的食谱，但要确保新零食的安全性。

◈ 观察反应：投喂零食时观察兔兔的消化情况，如有不适立即停止投喂。

兔兔误食怎么办？

兔兔是个十足的“吃货”，在好奇心、活泼好动的性格驱使下难免会误食一些奇怪的东西。当兔兔误食这些东西时，请保持冷静并密切观察兔兔的状况。下面列举了一些可能会发生的误食情况供大家参考。

● 将尿垫吃下去了

从食物角度来看，兔兔对尿垫一般不感兴趣，之所以咬食多是出于喜欢咬东西、磨牙的本能。如果发现尿垫被啃食，可检查兔兔是否有呕吐、腹泻、食欲不振等症状。如有异常，请及时就医。

● 家里的绿植被啃了

常春藤等绿植对兔兔有毒，兔兔误食后的症状包括唾液分泌过多、腹泻、呼吸急促等，误食这些绿植甚至可能造成兔兔死亡。养兔兔的家庭应该尽量避免栽种这类绿植，如果兔兔吃了这类绿植建议尽快送医。

以下是一些常见的家养植物，它们对兔兔有害。

◈ 多肉植物：某些多肉植物含有毒素，例如万年青、仙人掌和龟背竹等。

◈ 其他植物：绿萝、吊兰、虎尾兰等植物可能会引起兔兔口腔和胃部的疼痛和不适；百合、长春花、水仙等植物可能会引起兔兔的消化系统问题和导致兔兔中毒。

此外，常见的芦荟、花生花、茉莉、牵牛花、石蒜、石楠、银杏等植物都可能对兔兔有害，应避免兔兔误食。如果家长不确定某种植物、蔬菜、水果是否对兔兔有害，请及时咨询兽医。

● 纸箱做的小玩具被吃了

偶尔啃食纸箱是出于兔兔的本能，一般不会导致严重的问题。但要确保兔兔没有吃下过多纸箱，注意观察兔兔有无消化不良、便秘等症状，如有问题请及时就医。

● 家里的木制家具被啃了

啃咬木头对磨牙有益，但要注意观察兔兔有无吞下大块木头，确保木头不含化学物质，如有异常请联系兽医。另外，给兔兔的实木用品建议选择原木制产品。

● 吃了自己的粪便？！

很多人不知道，其实兔兔也会吃自己的粪便！兔兔会排出一种长得像一串小葡萄的软便，这是兔兔的盲肠便，也叫“葡萄便”。其中含有丰富的营养和菌群，一般兔兔会将自己的“葡萄便”吃掉以获取必要的营养，这是正常的现象，如果是硬便则不会被食用。

如果兔兔吃了粪便又吐了出来，可能是吃了太多的粪便或消化不良导致的。另外，如果兔兔在吃完粪便后出现其他症状，例如食欲减退、腹泻、呼吸困难等，就需要及时就医了。

其他常见问题

● 兔兔不吃牧草怎么办？

刚到家的兔兔不吃牧草可能是还未适应环境，要给予它们充足的时间进行适应并注意观察。到家几天后仍没有吃牧草，或兔兔突然不吃牧草时，首先要排查牧草是否放了很多天，是否新鲜、干燥，有无发霉、变质的情况；若牧草没有问题，则要检查兔兔是否存在健康问题。如果以上各方面都没问题，可能是兔兔的口味改变了！可以尝试更换牧草的品种，但要注意逐渐过渡到喂新牧草，以激发兔兔的食欲。

此外，还可以改变兔兔的吃草方式，以激发兔兔的食欲。如将牧草放入滚动的玩具中；把牧草做成草球，让兔兔边玩边吃；将牧草压成块状的草饼或伪装成零食。注意：如果给予大量的零食“讨好”兔兔，可能会让兔兔变得挑食而不吃牧草，从而对兔兔的健康产生一定影响。

● 兔兔不会用饮水器喝水？

家长要观察兔兔是否会主动喝水，确保其摄取足够的水分。对于不会用饮水器的兔兔，可以尝试使用水碗，再逐渐过渡到使用饮水器。使用滚珠水壶、撞针水壶时可在出水口涂抹营养膏，诱导兔兔用舌头“顶撞”出水口，学会喝水。（请参考本书第 2 章中的“小知识——怎么教兔兔用水壶？”）

● 美提、加提、国产提草等有何区别？

美提，指美国产的提摩西草；加提，指加拿大产的提摩西草；国产提草，指国内产的提摩西草。一番即第一次收割，二番即第二次收割，以此类推；南提和北提是两个不同的品种，南提一年收割一次，北提一年可收割多次。不同牧草根据生长季节、地区、加工工艺的不同会有各种差异，其营养成分和口感可能有所区别，所以不同的兔兔可能会有不同的偏好。

◈ 一番美提 / 加提：粗纤维多，粗蛋白含量高，草秆较多，口感较硬，适口性差，不适合幼兔食用；因为实在不好吃，成年兔也未必喜欢吃。

◈ 二番美提 / 加提：粗纤维和粗蛋白含量适中，叶子较多（几乎全叶），口感更软，适口性更好，适合幼兔食用。

◈ 三番美提 / 加提：粗纤维和粗蛋白含量较低，全叶、适口性不错，但加工后较碎，不推荐作为主草。

◈ 北提、南提：都可以作为主草，北提粗纤维更多，南提叶多、软嫩，但粗纤维少，磨牙效果差。

● 烘干草和晒干草，哪个更好?

选择主草主要考虑粗纤维含量和适口性。

烘干草是在没有那么成熟的阶段，即刚长草穗时就收割并烘干的牧草，整体比较鲜嫩。烘干工艺杀死了草中的细菌和虫卵，因此烘干草更加干净卫生。烘干草较绿，保留了草香，适口性好，但粗纤维含量较低。

晒干草一般是在成熟后进行收割，并进行自然晾晒的牧草。其粗纤维含量高，但由于是自然晾晒的，其香气、颜色、适口性相对于烘干草差一些，并且其可能还有一些没被杀死的细菌、虫卵。

总体来说，如果兔兔不挑食，那么吃晒干草更好；如果兔兔较为挑食，可以先吃烘干草，再慢慢过渡到吃晒干草。

● 兔兔挑食怎么办?

兔兔挑食可能是因为喂食方式不当或食物种类单一，应对方法如下。

◈ 保证草料的新鲜度和干燥度：兔兔非常喜欢吃新鲜的干草，但如果草料存放时间过长或过潮湿，兔兔可能会挑食或拒食，因此要保证草料的新鲜度和干燥度。

◈ 提供多种食物：尝试提供不同种类和品牌的兔粮、干草，让兔兔有更多的选择。

◈ 逐渐引入新食物：不要一下子改变兔兔的饮食习惯，应该逐渐引入新食物，让兔兔适应新的味道和口感，逐渐调整兔兔的饮食结构，让兔兔适应多样化的饮食。

◈ 避免过度喂零食：过度喂零食可能会使兔兔变得挑食，因此要适当控制零食的摄入量。

◈ 保持喂食规律：这样可以避免过量喂食，让兔兔保持正常的饥饿感。

◈ 尝试更换食物品种：挑选口感和营养成分适合兔兔的食物。

◈ 给予适当的奖励：当兔兔吃下新食物后可以适当给予一些奖励，逐渐培养兔兔对吃新食物的兴趣。

● 兔兔太胖了，来看看用于减重的饮食搭配

兔兔如果太胖，可能会出现多种健康问题。当兔兔过重、肥胖时，家长应该关注兔兔的体重管理，采取措施控制兔兔的体重。

◆ 控制兔粮摄入：减少兔粮比例，增加牧草摄入，粗纤维含量高的牧草有助于兔兔消化和减肥。

◆ 选择低糖、低脂的蔬果：如西蓝花、芹菜、黄瓜等，避免喂高糖的水果，如香蕉等。

◆ 避免随意喂食：养成定时喂食的习惯，按照规律的时间和分量进行喂食，确保兔兔不摄入过多的热量。

◆ 增加运动量：提供足够的活动空间，设置障碍物和玩具，鼓励兔兔多运动，以消耗多余的热量。

● 突然不吃东西了

兔兔突然不吃东西，甚至对自己喜欢的食物也无动于衷，可能是以下原因导致的。

◆ 身体不适：兔兔可能出现了消化不良、胀气的情况，若情况不严重，一般可断粮一顿，给予充足的牧草和饮用水，并额外补充乳酸菌调理肠胃，给予黄水、绿水快速补充营养、调节肠道功能；此外，兔兔可能由于牙齿疼痛、感冒等健康问题而食欲减退，若情况严重，请及时就医！

◆ 厌食：兔兔可能对某种食物产生了厌恶感，此时需要更换食物品种。

◆ 环境变化：兔兔对环境变化非常敏感，如光线、噪声、温度、湿度等的变化，都可能影响兔兔的食欲。

◆ 精神压力：兔兔可能因为新环境、新伙伴、过度的打扰等产生精神压力，从而食欲减退。

◆ 发情期：发情期的兔兔可能会出现食欲减退、躁动的情况。

第5章

兔兔的健康

“要经常观察兔兔有
没有不舒服哦。”

健康检查基础表

在成长的道路上，兔兔可能会遇到一些健康挑战。就像人类一样，兔兔也可能偶尔感到不适。在这一章中，我们将关注兔兔的健康状况。本章会提供一些关于兔兔常见健康问题的参考信息，希望能帮助家长更好地照顾可爱的兔兔。请注意，本书并非专业的兽医手册，如果您的兔兔出现健康问题，请一定要寻求兽医的帮助。

检查项目	具体指标	检查结果	备注
体重	幼兔体重最好在 200g 以上		
眼睛	是否明亮，有无异物，有无分泌物异常		
耳朵	是否洁净，有无分泌物异常		
鼻子	干湿情况，有无流鼻涕		
牙齿	是否整齐，咬合正常		
毛发和皮肤	是否柔顺有光泽，有无异常脱毛、皮屑、皮肤表面结痂等情况		
尾部和肛门	是否洁净，有无异常		
四肢	是否完整、强壮有力		
呼吸	是否平缓有序		
排泄物	尿液的量、颜色是否正常，大便形状、颜色、大小是否正常		
精神状态	是否有活力		
食欲	牧草、兔粮进食情况		

遇到这些情况该怎么办?

● 眼睛异常

兔兔的眼睛异常可能是多种因素引起的，包结膜炎、角膜炎、白内障和青光眼等。有的眼部疾病在严重时会导致兔兔失去视力，这对于它们的生活有一定的影响，但只要家长能提供适当的照顾和良好的环境，它们仍然可以过上幸福的生活。

结膜炎和角膜炎

患结膜炎和角膜炎的兔兔通常表现出眼睛红肿、流泪、分泌物增多等症状，这可能是细菌感染、过敏反应，或异物刺激（灰尘、牧草等异物误入，或睫毛内插）、不慎抓伤等情况引起的。常见的治疗方式为排除刺激源，用生理盐水或专用洗眼液冲洗患部，使用眼药水或药膏进行治疗。

白内障

白内障有先天和后天之分，先天性白内障不易确诊，后天性白内障又分不同情况。白内障在初期很难分辨，可能是晶状体上有小白点，严重时晶状体雾白化的范围变大。患白内障的兔兔应避免阳光暴晒，食用深色蔬菜、补充维生素也有帮助。白内障多在兔兔 5 岁后发生，严重时可能会导致失明。家长若发现相关症状，需要及时带兔兔就医，以避免其视力受损。

青光眼

青光眼是眼内压力异常的表现，会造成兔兔视野缩小、视力减退，甚至失明。青光眼在初期也很难看出来，严重时眼球体积增大突出，晶状体雾白化。

● 呼吸异常、打喷嚏、流鼻涕

兔兔呼吸异常可能是感冒、肺炎或呼吸道、食道异物引起的。感冒和肺炎可能导致咳嗽、喘息、流鼻涕、鼻塞等症状，应尽快就医。呼吸道、食道异物可能引起窒息，如兔粮卡在食道中需要立即清除。此外，要注意保持环境温暖、干燥，避免湿气过重。

兔兔打喷嚏、流鼻涕可能是感冒、过敏反应或其他呼吸道疾病引起的。此外，粉尘、刺激性气味也可能导致兔兔打喷嚏和流鼻涕，应该尽快移除刺激源。日常应注意观察兔兔的呼吸频率、体温等指标，如有异常应及时就医。

● 大便异常

正常的兔兔大便应该是圆形、颗粒状的，表面略带光泽且大小一致，颜色为深棕色。大便的形状和硬度因兔兔所摄取的食物而有一定差异，但基本上应该是容易捏碎的。

兔兔大便异常的原因可能包括便秘、腹泻等。便秘可能是由饮食不当、缺乏运动或疾病引起的，腹泻可能是由食物不洁、消化不良或感染病毒引起的。家长应根据具体情况调整饮食，使兔兔增加纤维摄入，保持适当的运动量，并注意及时带兔兔就医。大便异常可能分为以下几种情况。

小知识——为什么有的兔兔大便偏黑，有的偏绿？

兔兔大便的颜色与其饮食、消化功能有关。简单来说，在兔兔身体健康的情况下，兔粮吃得多而牧草吃得少则大便偏黑；若吃草量较大，尤其是还吃绿色蔬菜，则大便偏绿。兔兔大便颜色的轻微变化是正常的。

颗粒小、干瘪、形状不规则

如果兔兔存在胀气的情况，大便会变得不规律、量减少、颗粒小、干瘪、形状不规则。胀气可能是消化不良、食物中的发酵成分过多等原因引起的。这种情况下需要调整兔兔的饮食，减少高发酵食物摄入，增加牧草摄入。

软便

兔兔的大便过软，可能是营养过剩、食物中水分含量过高、纤维摄入不足等原因引起的。常见原因是兔粮喂食过多，牧草摄入不足。

盲肠便

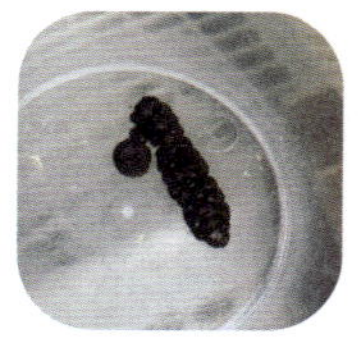

这是一种营养便，通常比硬便稍软、有弹性，表面有光泽，呈葡萄串状。兔兔会通过摄取盲肠便来补充营养和维生素。兔兔通常会在清晨或傍晚时分直接从肛门摄取盲肠便。持续性盲肠便则可能是兔兔营养过剩或摄入的营养不太适合兔兔，可以调整饮食，减少碳水、蔬菜摄入。

毛球便

这是因为兔兔舔理毛发，在消化道中积累过多毛发而形成的一种大便。毛球便的外观通常为长条状、粗糙，且表面缠绕着毛发。毛球便未及时排出可能导致兔兔肠道梗阻，严重时会危及生命。为避免这种情况，可以定期为兔兔梳理毛发，特别是在换毛季，以减少兔兔对毛发的摄入量。如果发现兔兔大便中有大量毛发，可考虑使用毛球通便剂等药物来辅助兔兔排毛。

大便带血

兔兔大便中带血可能是消化道出血或肛门附近出血导致的。若出现这种情况，需要尽快带兔兔去看兽医。

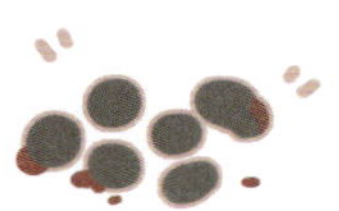

大便颜色异常

若兔兔的大便呈现灰白色，可能是因为消化不良或肝脏功能不佳。

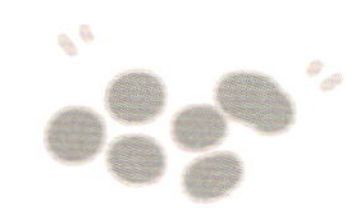

大便量减少

这可能是因为兔兔摄入食物减少或患有消化道疾病。这种情况下需要关注兔兔的食欲和精神状况，并关注兔兔是否有其他症状。

大便过硬

兔兔大便过硬可能是因为缺水、摄入纤维过少等。这种情况下要确保兔兔有足够的饮用水供应，并适当增加牧草摄入。如果状况持续得不到改善，建议寻求兽医的帮助。

大便黏稠 / 黏糊

这可能是消化不良或摄入过多含水分的食物引起的，这种情况下需要调整兔兔的饮食结构，增加纤维摄入，并关注兔兔是否有其他症状。兔兔大便表面黏糊可能是消化系统不适、寄生虫感染等引起的，这种情况下建议寻求兽医的帮助。

● 排尿异常

正常的兔兔尿液颜色为淡黄色至橙红色，兔兔尿液的颜色和摄入食物的种类和量有关，透明度会因摄入水分的量而改变。

尿液异常通常表现为颜色变深、有沉淀物、气味异常等，可能与肾脏疾病、尿路感染或结石等相关。如发现尿液异常，建议带兔兔及时就医。以下是一些常见的兔兔排尿异常情况及其可能的原因。

尿液颜色异常

兔兔尿液的颜色可能因食物中的某些色素而改变，例如摄入大量胡萝卜可能导致尿液呈橙红色。但如果尿液呈深红色或带有血丝，可能是泌尿系统感染或结石的迹象，家长需要尽快带兔兔就诊。

钙沉淀物

兔兔尿液中可能含有钙沉淀物，颜色可能有点像奶茶，这是正常的生理现象。当摄入过多的钙，身体就会通过尿液将其排除。钙沉淀物为白色或浅灰色，呈颗粒状。然而尿液中含有过量的钙沉淀物可能导致泌尿系统问题。为了降低这类风险，应限制兔兔摄入富含钙的食物，如高钙蔬菜，并确保其摄入充足的牧草。

尿量异常

尿量过少，可能是兔兔脱水的信号。在这种情况下要确保兔兔有充足的饮用水并观察其饮水量（如果是滚珠水壶、撞针水壶，检查水壶是否能正常出水）。此外，尿量过多可能与糖尿病、肾脏问题或内分泌失调有关，需要兽医进行检查。

排尿困难或疼痛

如果兔兔在排尿时表现出异常行为，如拉伸、蹲坐时间过长或尖叫，可能是泌尿系统感染、结石或患有其他疾病的迹象，这种情况下应尽快带兔兔就诊。

● 胀气

胀气，又称肠胀气，可能是饮食不当、消化不良、肠梗阻、寄生虫等原因引起的，是一种常见的消化道问题。胀气严重时表现为腹部肿胀、疼痛、食欲下降等。胀气程度较轻时，一般处理方法为调整饮食，如停止摄入兔粮 1~2 顿、不限量供应饮用水和提摩西草，避免摄入高糖食物。家长还可以用指腹轻轻按摩兔兔腹部，力度应适中，以促进兔兔的肠胃蠕动（按摩时，沿顺时针方向轻轻揉捏，才有助于促进肠道蠕动）；配合使用黄水、绿水、西甲硅油帮助缓解胀气。如症状较重或持续未改善，应及时带兔兔就医。

注意：若不会给兔兔按摩或不知道兔兔是否需要按摩，请及时咨询兽医；初次用药时，请接受兽医指导。

● 营养不良

兔兔营养不良可能表现为体重下降、毛发脱落且干燥、精神不佳等。长期营养不良可能会导致低血糖，让兔兔表现出虚弱无力、行动迟缓，甚至无法站立行走，呼吸急促、抽搐、昏迷等情况。此时需要及时采取措施，尽快送兔兔去医院治疗；无法立即送兔兔去医院的家长，可以尝试自行给兔兔快速补充糖分（喂食葡萄糖溶液或草粉等）。日常生活中要注重科学喂食，提供足够的牧草，适量的兔粮、水果、蔬菜等，以确保兔兔摄入充足的营养。如有必要，可咨询兽医以开具营养补充剂。

● 皮肤疾病

兔兔患皮肤疾病的原因可能包括真菌感染、螨虫感染等，表现为表皮脱毛、红肿、瘙痒、皮屑多、破损、结痂、长脓包等情况。如发现皮肤异常，应及时带兔兔就医。切勿自行给兔兔使用人类用的药物，以免引发不良反应。

如何帮助兔兔避免患皮肤疾病呢？

◈ 注意保持兔兔皮肤干燥，定期梳理毛发。
◈ 保持生活环境干净卫生，定期消毒。
◈ 保持饮食营养均衡，以增强体质。

● 毛球症

毛球症指兔兔由于舔毛过多，胃里形成毛球。预防毛球症的方法包括提供足够的牧草以帮助消化，定期为兔兔梳毛以减少毛球的形成。若发现兔兔患有毛球症，请咨询兽医并按照指导进行治疗。

● 感染球虫

兔兔可能受到外寄生虫（如跳蚤、虱子）和内寄生虫（如蛔虫、球虫）的侵扰。其中，球虫是一种常见的兔兔寄生虫，通常通过食物、水或与其他感染球虫的兔兔接触来传播。虽然感染球虫不会直接致死，但对于过早离乳、营养不良、患有其他疾病等体质较差的兔兔来说（尤其是 3 个月内的幼兔），感染球虫后更易患球虫病，这可能导致兔兔在短时间内快速死亡。

感染球虫的兔兔如需驱虫，需要在兽医的指导下使用球虫药。家长一定要注意，球虫药是一种比较猛烈的药物，对肠胃有一定的刺激，使用不当可能会引发肠道菌群失调、器官衰竭、败血症等。因此，在驱虫时，家长务必遵循兽医的建议和用药指南。

那么如何避免兔兔感染球虫呢？

- ◆ **定期清理兔兔的生活环境。**
- ◆ **提供干净的饮用水和食物。**
- ◆ **避免兔兔接触其他感染球虫的兔兔。**
- ◆ **定期带兔兔体检。**

小提示——如何检查是否感染球虫？兔兔要定期驱虫吗？

要检查是否感染球虫，可携带一些兔兔的新鲜粪便去医院进行检查。对于是否要定期驱虫则说法不一，个人建议可给兔兔安排定期检查，如有寄生虫可根据情况针对性地驱虫，否则不用驱虫。俗话说“是药三分毒”，减少不必要的用药也是对兔兔的一种保护。

● 身体破皮出血

兔兔身体破皮出血可能是意外划伤、皮肤病或感染引起的。常见的如兔兔趾甲断裂流血，如遇此情况请立即用生理盐水或碘伏对伤口进行消毒，防止感染。若伤势严重或伤口无法愈合，请及时到兽医处就诊。

● 中暑

兔兔中暑表现为呼吸急促、体温升高、精神不振等。预防中暑应注意保持环境温度适宜，避免高温暴晒。一旦发现兔兔中暑，应立即将其移到阴凉通风处，用湿毛巾擦拭，适当补充水分；如症状持续，应及时就医。

● 兔兔歪头

兔兔歪头是指兔兔头部出现倾斜的现象，这可能是耳部感染、中耳炎、脑孢子虫感染、神经系统疾病等原因引起的。歪头可能导致兔兔行为异常、进食困难等。如遇此情况应及时就医，由兽医针对病因进行治疗。

◈ **耳部感染**——耳部感染是兔兔歪头的常见原因，这可能由细菌、真菌或寄生虫引起。兔兔耳部感染时可能出现耳朵瘙痒、分泌物增多等症状。治疗耳部感染需要兽医开具抗生素或抗真菌药物。

◈ **中耳炎**——中耳炎是感染导致的中耳腔炎症，可能引起兔兔歪头、摇摆不定等症状。治疗中耳炎需要兽医开具抗生素，同时保持兔兔生活环境的清洁和干燥。

◈ **脑孢子虫感染**——脑孢子虫是一种原生动物寄生虫，会感染兔兔的脑膜和脑实质，导致兔兔出现歪头、摇摆不定、眼球震颤等症状。脑孢子虫感染的治疗较为复杂，需要兽医开具特殊的药物，如芬苯达唑片等。治疗期间还需注意兔兔的饮食和生活环境，提高兔兔的免疫力。

◈ **神经系统疾病**——脑炎、脑肿瘤等神经系统疾病也可能导致兔兔歪头，这类疾病的诊断和治疗较为复杂，需要兽医进行详细检查和治疗。

以上内容仅供参考，如果兔兔出现歪头等症状，请立即联系兽医进行诊断和治疗。不要自行给兔兔用药，以免加重病情。

绝育手术

雄性兔兔和雌性兔兔都可以进行绝育手术，在兔兔性成熟后即可安排。手术前应考虑兔兔的健康状况、年龄以及与其他兔兔的互动情况，找一位有经验的兽医进行手术也是很重要的。对于体型、体重较小的兔兔（如侏儒兔），可待其长到更大些再安排手术，以降低风险。

绝育手术是必要的吗？对于养在一起的异性兔兔，为了防止意外怀孕，做绝育手术是必要的。绝育还有助于减少喷尿、占领领地、抗拒被抱等行为问题。此外，为雌性兔兔做绝育手术，可以大大降低其患乳腺癌和子宫癌的风险。

兔兔的耳朵冰冷怎么办？

兔兔的耳朵不仅仅用于听声音，还具有调节体温的功能。兔兔的耳朵里有丰富的血管分布，可帮助散发多余的热量以维持体温。正常情况下兔兔的耳朵是温暖的，但不至于热。兔兔的耳朵冰冷可能是环境温度过低、循环不良等原因导致的。首先要确保兔兔所处的环境温度适宜，避免过冷。其次，可以轻轻揉捏兔兔的耳朵，帮助其改善血液循环。如兔兔的耳朵持续冰冷，可能是健康问题引起的，应及时带兔兔就医。

●兔兔成长的“尴尬期”？

兔兔成长的“尴尬期”主要发生在1.5~6个月时，个体间可能会有差异。在这段时间里，兔兔会经历耳朵长长、换毛等过程。

在“尴尬期”，兔兔的耳朵可能会长得一只比另一只长，或者两只耳朵都长得非常大。这是兔兔的耳朵和身体以不同速度成长所导致的比例失调，会让兔兔整体看起来有些丑丑的，因此这一时期被称为“尴尬期”。随着时间的推移，兔兔的耳朵和身体的比例会逐渐协调起来。

此外，在“尴尬期”兔兔会换毛，从幼兔的细软毛发逐渐变成成年兔的粗糙毛发。这个过程可能会让兔兔看起来毛发凌乱，这是正常的生长过程。家长可以通过定期给兔兔梳毛来帮助它们度过这个“尴尬期”。

● 兔兔的毛色改变了

兔兔的毛色可能因年龄、季节、遗传等因素发生变化，如黄色系兔兔成年后，毛色会加深或局部毛发会变成灰蓝色；玳瑁色兔兔成年后毛色加深，冬季比夏季毛色更深。兔兔毛色变浅或有斑点一般无须担忧，但如果毛色变得黯淡、毛发缺乏光泽，则需要关注兔兔的营养状况和健康问题。

● 假性怀孕的时候，可以做绝育手术吗？

假性怀孕是雌性兔兔未受孕却表现出怀孕迹象的现象。假性怀孕的常见表现如下。

造窝

雌性兔兔可能会开始搜集干草、毛发或其他可用材料，以在笼子角落造窝。

拔毛

雌性兔兔甚至会揪下胸部、腹部或其他部位柔软的毛来垫窝。

领地意识增强

在假性怀孕期间，雌性兔兔可能会变得更加敏感和更注重保护自己的领地，对其他兔兔或家长表现出攻击性和防御性行为。

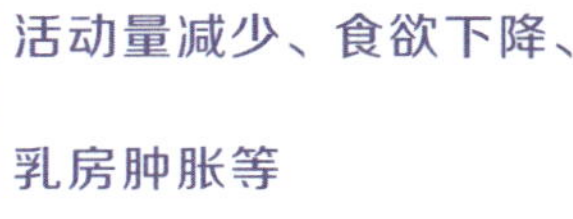

活动量减少、食欲下降、乳房肿胀等

雌性兔兔的假性怀孕一般在1~3周内自然结束，在假性怀孕期间不建议对雌性兔兔做绝育手术，以免给兔兔带来不必要的压力。如果假性怀孕持续较长时间或反复出现，建议咨询兽医并考虑为雌性兔兔做绝育手术，以减少激素水平的波动。

● 兔兔回“兔星”了，再见了宝贝

兔兔回“兔星”指兔兔离世。家长要在兔兔回“兔星”后尽可能给予它们安葬和纪念，同时也要及时调整自己的心情。

第6章

兔兔的繁育

“兔兔怀孕、生产
等各种各样的事儿。”

为兔兔寻找“另一半”

兔兔在野外环境中处于食物链的较低层，是许多肉食动物的捕食目标。因此兔兔具有强烈的繁育本能，以便留下更多的后代来延续种族。在兔兔成熟后，这种本能会变得强烈。

对于母兔来说，生产非常耗费体力，所以家长需要谨慎对待。在让兔兔进行繁育之前，家长最好先了解繁育周期和适宜的繁育条件。此外，不同品种的兔兔之间可以进行杂交繁育，但如果想要保持品种纯正或使兔兔拥有特定的毛色，就需要进行专业的配种安排，以确保繁育的质量和安全。

普通养兔家庭可以通过朋友、同城养兔群或者养兔论坛为兔兔寻找合适的对象。在安排兔兔“相亲”时，可以先将母兔带到公兔的活动区域，观察兔兔的互动情况。如果它们打架，则需要将它们尽快分开，过几天再进行尝试。或将两只兔兔的笼子靠在一起，等它们熟悉彼此的气味和存在后，再尝试安排它们“相亲”。

兔兔繁育前需要做的准备

一般来说兔兔的性成熟时间为 3~7 个月大时，不同品种、性别的兔兔可能存在个体差异，有的兔兔性成熟时间更晚一些。兔兔适合繁育的年龄通常是 8 个月 ~2 岁，雌性兔兔的发情周期大约为 28 天，而怀孕周期约为 30 天。在决定让兔兔生产之前，应该考虑以下几点。

雌性兔的年龄和健康状况

确保雌性兔已经达到性成熟的年龄，没有任何健康问题，检查母兔的骨架、体重等是否适合生育。

基因和品种

应该明确繁育兔兔的目的，如是为了获得纯种兔兔，还是仅为了让兔兔拥有子嗣。不同品种兔兔的生育情况不同，应提前了解对应品种的兔兔在生育时可能出现的问题再做决定。如体型较小的侏儒兔每次生育的数量为 1~4 只，生育时可能出现难产、畸形胎（花生胎、河马胎）、死胎等情况。明确目的和了解风险后，需要制订一个合理的繁育计划，以对兔兔的配对、怀孕、生产等环节做出合理安排。

雌性兔的性格

有的母兔性格不好，缺少母性，可能在幼兔出生后对其缺乏照顾，这种情况下它们就不适合继续繁育或要做好繁育后进行人工喂养的准备。

繁育环境和设施

在母兔生产前应为其准备安静、温暖、干净的环境，提供合适的产箱、产笼等，确保母兔在分娩时舒适、安全。

时间和精力投入

家长需要投入大量的时间和精力，特别是在孕期、分娩及产后等阶段要确保自己有足够的时间和精力来照顾雌性兔和幼兔。

负担能力

繁育兔兔会带来额外的费用，如兽医检查、药物、繁育设施等的费用，家长需要确保能够承担这些费用。

对幼兔的安置

家长需要考虑幼兔出生后的安置问题，确保有足够的空间来容纳新生的幼兔。此外还需要考虑为幼兔寻找合适的领养家庭，确保它们能够得到良好的照顾和关爱。

母兔怀孕时期的照顾要点

母兔怀孕的 3 个阶段

前期 第 1~2 周

此时母兔怀孕的迹象并不明显，其食欲和体重也没有太大的变化，在日常饮食上一切照旧即可。家长可以开始观察兔兔是否有抓地、挖洞等潜在的怀孕迹象。

中期 第 3 周

此时母兔的食欲会大大增加，体重变化明显，家长要给予其充足的兔粮和牧草（兔粮的给予量适当增加），确保其适量摄入新鲜水果和蔬菜，增加蛋白质的摄入。

后期 第 4 周

这个阶段母兔会开始有造窝的行为，家长应该为其准备好大小合适、干净的产箱和柔软的垫料。兔兔会用嘴叼草，甚至揪下身上的毛放在备产箱中。注意在这个阶段要准备充足的草料给母兔造窝，同时可以将干净的棉花铺在窝中。突然面临生产，来不及准备产箱的，可以用干净的盒子替代。

母兔临产前几天会变得更加敏感，如会排斥主人、不让摸、容易压力大、容易焦虑等。此时可以将笼子放在安静的角落，用盖毯盖住笼子形成半封闭的空间，以缓解母兔的不安。在母兔生产过程中应尽量减少人为干涉，应保持安静，观察母兔的状态。当出现难产、幼兔畸形等问题时，应及时联系兽医进行处理。

小提示——母兔怀孕时期的照顾要点

兔兔交配时公兔会爬在母兔背上，用前肢抱住母兔，全程交配时间较短。兔兔交配成功的标志是：公兔在交配结束后突然翻身倒地。交配成功后，母兔可能会有排斥公兔的行为，比如驱赶、追打等，因此在交配结束后应立即将它们分开。

母兔产后及幼兔的照顾要点

新生的幼兔和产后的母兔都需要细心照顾。母兔通常会主动照顾幼兔，如哺乳、舔舐等，此时要密切观察母兔的状况。若发现其照顾不周，可以考虑人工喂养。接触新生的幼兔时应佩一次性戴手套，避免在幼兔身上留下“人味儿”而导致其被母兔抛弃、咬伤等；照顾时应避免频繁将幼兔拿出笼子，尽可能营造安静的生活环境，减少对兔兔的打扰，否则可能导致母兔紧张，不愿意照顾幼兔。

产后对母兔的照顾

母兔生产后身体比较虚弱，“带娃”的过程也相当辛苦，家长需要更加细心地照顾它们。

要给母兔提供安静、温暖、干净的环境来休息和照顾幼兔，避免过多的噪声等干扰；提供充足的干草、新鲜蔬菜和水，以确保母兔的营养需求得到满足，帮助母兔产奶和恢复体力，可适当喂一些香菜、芹菜等；观察母兔的身体状况，特别是乳腺和生殖器，如果发现任何异常（炎症、感染或出血）请立即联系兽医；观察母兔与幼兔之间的互动，确保母兔在照顾幼兔方面没有问题，如果发现母兔忽视或伤害幼兔，则需要寻求专业建议。

此外，保持观察母兔的体重和精神状态，确保它们在产后得到适当的照顾。产后的母兔可能会感到焦虑和紧张，此时应给予它们适当的关爱和安慰，但要避免过多干扰母兔和幼兔之间的互动。更重要的是，母兔生产后可能会继续发情，此时应该避免母兔和公兔接触，导致母兔再次怀孕。

对幼兔的照顾

在兔兔满月前，一定要确保产箱温暖且无风，母兔也会用自己的毛发为幼兔保温。这个阶段我们需要定期检查幼兔的状态，为它们称量体重，确保它们平安度过新生儿时期。

幼兔在出生 1~2 周后开始睁眼，此时要保持环境温暖，注意观察幼兔的眼睛是否健康，如有无红肿、分泌物异常等。

到第 3 周，一些幼兔开始跟着母兔进食，尝试吃一些固体食物。这个阶段可以为幼兔提供少量的兔粮和干草，以便帮助它们适应吃固体食物。同时，仍需确保母兔有足够的奶水供应。

幼兔出生 4 周后，开始逐渐断奶。此时要逐步增加幼兔的固体食物摄入量，减少其对母兔的依赖。同时关注幼兔的消化状况，确保它们适应新的饮食。

幼兔一般在出生后的 4~6 周渐渐完成断奶。随着幼兔断奶，母兔的饮食也需要逐渐恢复到正常水平。

● 其他常见问题

母兔每天给幼兔喂几次奶，一般是在什么时间段，需要注意什么？

母兔通常每天给幼兔喂奶 1~2 次，喂奶的时间通常较短，为 3~5 分钟。尽管喂奶次数较少，但母兔的奶水营养非常丰富，足以满足幼兔的成长需求。

在野外生存时，母兔通常会选择在黎明和黄昏等安静的时段进行喂奶，这种喂奶习惯有助于减少它们被捕食者发现的风险。当然，在家养环境下，母兔的喂奶时间可能会有所不同。

如何观察幼兔是否吃饱？

在母兔喂奶后，可以检查幼兔的腹部，确认它们是否摄入足够的奶水。摄入充足的幼兔腹部会显得略微圆润；如果喝得比较多，幼兔的腹部就会鼓鼓的，像个小气球。此外，应关注幼兔的体重增长情况，如发现体重增长缓慢、体重减少，可考虑人工辅助喂养。

母兔不喂奶怎么办?

如果母兔生产后不喂奶，可能是由其感到紧张、恐惧、不适或缺乏母性等，此时需要采取一些措施来帮助母兔喂奶。

- 提供一个安静、舒适的环境，缓和母兔的紧张情绪，使其更愿意照顾幼兔。

- 尝试将幼兔放在母兔附近，让它们有机会互相了解。也可以让幼兔轻轻接触母兔，让其逐渐适应幼兔的存在。

- 可以尝试轻轻地、温柔地按摩母兔的乳房，以帮助母兔分泌乳汁。

- 安抚并用手控制住母兔，将幼兔放在母兔肚子上喝奶。

幼兔被拿出笼子后，母兔不再喂奶怎么办？

这可能是因为幼兔身上沾染了陌生的气味，导致母兔不认识它了。此时，可以用带有母兔气味的用品（如母兔用过的小毛毯）蹭蹭幼兔，使其重新沾染母兔熟悉的气味；或者将幼兔放在母兔用的厕所里，稍微滚一滚。

如果母兔仍然拒绝喂奶，则需要考虑人工喂养幼兔。可以将兔奶的替代品（如兔奶粉）或适量的羊奶、无乳糖奶粉等，装在注射器或特殊的幼兔喂奶瓶中进行喂食。一天的喂食量大约为幼兔体重的 20%，每天分 2~3 次喂食。

切勿喂食牛奶，因为它可能导致幼兔腹泻。如果尝试了以上方法仍然无法解决问题，请及时联系兽医或其他专业人士以寻求专业建议。

作者访谈

——请问两位老师，是怎样的契机让两位喜欢上兔兔的呢？

雅丸：谁能拒绝一个毛茸茸、可可爱爱的兔兔呢！如果有，让他摸一下，他也会一秒爱上。

雏雏：其实我喜欢很多毛茸茸的小动物，包括小猫、小兔等（并不包括毛毛虫）。至于要说和兔子的特殊缘分，可能源于两件事。第一件事是我自己养了兔子；第二件事是我当时特别喜欢的一部小说里的主角养了兔子，我想要把他们有趣的故事画出来。这两件事让我更多地了解了兔子，在反复的熏陶之下，我就更加喜欢兔子了。

——两位老师在合作时，有交流过一些饲养兔兔时发生的有趣小故事吗？

雏雏：和雅丸老师聊天时有说到我之前养过的兔子。似乎很多朋友对“如何教兔子定点上厕所”这个问题很困扰，但我当时养的兔子完全无师自通了这一技能，甚至带它出去玩的时候它都几乎不在外面上厕所，一定要回到笼子里才上！大家都知道小动物太久不上厕所是会憋出病的，所以当时我只能随身带着一个厕所，过阵子就放下厕所，让它能及时使用自己心爱的厕所。

——两位老师最喜欢哪个品种的兔兔呢？为什么呢？

雅丸：兔兔都很可爱，如果要说最喜欢的品种，那自然是侏儒兔啦！我第一次接触的宠物兔就是侏儒兔，它们全身上下圆鼓鼓的，耳朵小小的，整个就像一个毛茸茸的小拖鞋，手感也让人摸起来欲罢不能……这可能就是一见钟情吧。

雏雏：如果可以让我自由选择，我想选雪兔，就是寒冷地带里生活着的那种！因为它们很大，毛发也多，看起来很暖和，奔跑起来的样子也很酷！

——两位老师还知道什么关于兔兔的小知识吗？

雅丸：很多兔兔的尾巴上会有白色的毛，当它们在野外感受到危险时，尾巴就会竖起来，露出白色的毛，让它们和周围的雪地融为一体，从而迷惑捕食者和猎人。感觉这个行为还蛮可爱的！

雏雏：大家都知道有野兔和家兔，那么是不是野生的兔兔被驯化以后就能成为家兔，而把家兔放到野外就变成野兔了呢？并不是！野兔和家兔之间的差距非常大，甚至连染色体的对数都不同。野兔在生物学上是兔亚科，有 24 对染色体；而家兔属于古兔亚科，一共有 22 对染色体。所以它们俩并不能杂交，甚至到了有生殖隔离的地步哦。

另外，非常推荐大家欣赏一下丢勒老师的名画《野兔》，这是一幅给我很大触动的画。

——两位老师是因为什么样的契机想到将关于兔兔的知识分享出来的呢？

雅丸：我日常会向很多人科普兔兔的科学喂养方法、买兔前的准备等，一直希望有机会把自己知道的内容更广泛地分享出来，有幸受邀参与本书的编写，这也是一种缘分吧。

雏雏：在前言说过，我很想消除大家对于兔兔的误区。我经常画有关兔子的同人或者原创插图，结果经常会有一些关于兔子的错误言论让人很难赞同。但每次都凭借我个人的口头力量去逐个纠正效率实在太低了，我一直希望能系统性地向大家好好说明这些问题。

——两位老师觉得什么样的人适合养兔兔呢？

雅丸：我认为富有爱心和责任感是非常重要的。要记得每天给兔兔准备食物和饮用水，保持兔兔的小家干干净净的，和它们互动，慢慢培养感情。当然，养兔兔还是要花一些“银子”的。总之，要像照顾自己的孩子一样疼爱兔兔，这样它们才会健康、快乐地跳来跳去。

雏雏：以我自己的标准来说，经济独立并且有自己单独住所的成年人比较适合养宠物，因为养宠物其实是一件要付出很多心血的事，宠物的一切都取决于主人对它们的关心和照顾。如果有未成年的朋友也对养兔子有兴趣，可以先看完本书并且把它推荐给你的父母，再由整个家庭一起决定要不要养兔兔哦。此外，我觉得喜欢安静的朋友很适合养兔子，因为兔兔是一种不怎么会制造噪声的小动物。

——在两位老师眼里，兔兔是怎样的存在呢？

雅丸：兔兔不仅是伙伴、治愈物，更是它自己，是独立的具有个性的生命。

雏雏：可可爱爱的象征！

——两位老师觉得，兔兔几个月大的时候是最可爱的呢？

雅丸：最可爱的时期，大概是20多天到接近满月时！这时的兔兔还没有完全断奶，小小的、毛茸茸的，躺在手心里非常可爱！

雏雏：刚睁开眼睛、能自己行动到一两个月左右吧，这个时期的兔子都是“天使宝宝”！

——两位老师在本书最后还有什么想要对读者说的吗？有考虑过下一本书继续合作吗？如果有，会出什么类型的书呢？

雅丸：大家如果还有什么想看的新书类型，可以告诉我们。

雏雏：感谢支持！希望大家看完本书能获得一些有用的知识和愉快的体验。如果能继续合作当然好啦，不过暂时还没有想到合适的内容，大家有想看的书可以疯狂留言！

致谢 | 兔兔照片支持
本书中部分兔兔照片与生活场景实例由以下朋友提供，谢谢你们的支持，在此深表谢忱：
李伟、杨芃玥、呛口小辣椒、米兰的小铁匠